太阳系度假指南

PACKING FOR MARS: The Curious Science of Life in the Void

[美] 玛丽·罗琦 著 贺金 译

Mary Roach

CTS K 湖南科学技术出版社

·长沙·

无限感激杰伊·曼德尔和吉尔·比亚洛斯基

目录
Contents

倒计时

在火箭科学家眼中，你是个大问题。你是他或她这辈子经手的所有机械装置里最恼人的一个——你、你起伏不定的新陈代谢、你那些琐碎的记忆，还有你千奇百怪的身体结构。你难以捉摸，你千变万化，你要花上好几周才能安装到位。工程师不得不操心你在太空里需要的水、食物和氧气；操心要把你的鲜虾沙拉和你那有光泽的牛肉墨西哥薄饼卷发射升空需要多少额外的燃料。像太阳能电池或者推进器喷管就不一样。它们总是表现稳定，并且无欲无求；它们不排泄，不抓狂，更不会爱上任务指挥官；它们没有自我；它们的结构即使没有重力也不会崩坏；另外，它们不用睡觉也可以工作得很好。

在我眼中，你却是火箭科学中最好的一环。如果人类也是一种机械装置，那么它正是让其他机器都跟着充满无穷魅力的那一个。试想一个有机体，它的每一项特征都经过了漫长的进化，好让它在这个有着氧气、重力和水的世界里能够存活并且茁壮成长。把这么个有机体丢到太空这个不毛之地，让它在那里飘上一个月甚至一年，这简直就是一项荒唐得令人着迷的事业。一个人在地球上习以为常的每一件事情都要被重新思考，重新学习，还要反复演练——要训练一群成年男女怎么上厕所；还要给一只黑猩猩穿上宇航服，把它发射到轨道上去。在地球上，一个诡异的世界已经形成。而这个世界里的一切都在模拟外太空。在这里，一个个太空舱永不会发射升空；病房里躺着的都是健康人，而且一躺就是几个月，模拟零重力的样子；撞击实验室里的人则在拿着尸体往地上扔，模拟宇宙飞船在海洋上溅落的情况。

几年前，我的一个朋友勒内在美国航空航天局（NASA）工作。

他工作的地方在约翰逊航天中心的9号楼。这幢楼就是航天中心的模拟大楼，里面有50多种模拟太空环境的东西——压差隔离室啦、气密舱啦、舱口啦、航天舱什么的。那时，勒内连续好几天都听到一种断断续续的、嘎吱嘎吱的声音。最后他终于忍不住去调查了一下。“原来是某个可怜的家伙穿着宇航服在跑步机上跑步，那个跑步机吊在一大套复杂的模拟火星重力的机械装置上，周围环绕着写字板、计时器、耳麦和众人关切的目光。”就在读他这封邮件的时候，我突然想到，即便不离开地球，我们也是有可能以某种方式进入太空的。或者至少是进入某种有如超现实的闹剧一般的虚幻世界里。而在过去的两年里，我可以说就生活在这个世界中。

关于人类历史上第一次登月的文件和报告数不胜数，然而在我看来，没有哪一篇比一份11页纸的报告更有意义。这份报告是在北美洲旗帜学协会第二十六届年会上发布的。旗帜学是一门研究旗帜的学科，不是研究气质的[①]。不过我要讲的这份报告的内容既不是关于旗帜研究，也不是关于气质研究。这份报告的题目是“前无古旗：关于在月球上安放一面旗帜的政治及技术层面问题研究”。

要完成这份报告，首先要开会。在阿波罗11号发射升空前5个月，当时新成立的“首次登月仪式性活动委员会”的成员们聚在一

① 译注：原文为：Vexillology is the study of flags，not the study of vexing things. 旗帜学是研究旗子的，不是研究怎样惹恼别人的。

起，就将一面旗帜插上月球的得体性问题展开辩论。

《外层空间条约》规定，禁止对天体宣誓主权。而美国是这一条约的签约国之一。那么，怎样才能将一面国旗插在月球上，而看上去又不像是想要——用一位委员的话说——“占领月球”呢？有人提出了一条很难上镜的计划，就是把一套装有各国微型国旗的盒子放在月球上。委员会考虑了这个计划，又否定了它，旗帜必须要飘扬。

这样一来，就该美国航空航天局技术服务部大显身手了。因为如果没有风，旗子是没办法飘起来的。而月球上连大气层也没有，更不要说风了。另外，虽然月球的重力只有地球重力的六分之一，但是这点重力要想把一面旗子扯成软趴趴的下垂状还是绰绰有余。于是，人们在旗杆上又装了一根与旗杆垂直的横梁，然后在旗子上缘缝出了一个卷边。这样，星条旗看上去就会像是在一阵猛烈的风中飞扬了——这一画面还挺可信的，几十年人们对这个弥天大谎津津乐道——虽然实际上那面星条旗不是飘着的，而是挂着的；所以与其说它是一面旗帜，还不如说它是一块充满爱国主义气息的小窗帘。

然而挑战到这里还没有结束。你想，怎样才能把一个旗杆塞进一个狭窄的，已然拥挤到了极限的登月舱里呢？于是美国航空航天局又派出了一批工程师来设计折叠式旗杆和折叠式横梁。可即使如此，舱内的空间还是不够。于是这套“月球国旗套装”——这面国旗、它的旗杆还有横梁是注定要举世闻名了——只能装在着陆舱的外面了。但是如果装在外面，它就必须要能承受旁边降落引擎产生的华氏2 000度（约为1 093摄氏度）的高温。于是工程师进行了一系列测试。旗子在华氏300度（约为149摄氏度）的时候就融化了。结构与力学部又赶来救急，他们设计了一个保护罩，由一层层的铝、钢和特莫弗莱克斯二元电阻合金隔热层制成。

现在看上去这面旗子总算是准备好了吧。可是就在这时有人提出来，宇航员们在穿着耐压服的情况下，握力和活动范围都会受到限制。他们能把国旗套装从它的绝缘保护套里抽出来吗？还是他们只能在无数双眼睛的注视下徒劳地站在那里，对着保护套望洋兴叹呢？他们能把旗杆和横梁的伸缩杆拉到所需的长度吗？只有一种办法可以知道答案：人们又生产了一批"月球国旗套装"原型，然后召集全体宇航员进行了一系列的国旗套装展开模拟训练。

这一天终于到来了。在首席质量保证官的监督下，国旗打包完成（一共4个步骤），然后装上了登月舱（11个步骤），最后它就飞向月球了。到了月球之后，那个伸缩横梁没办法完全打开；另外月球土壤也太硬了，尼尔·阿姆斯特朗最多也就能把国旗插个6英寸（1英寸=2.54厘米）或者8英寸深[①]。结果，国旗看起来就像是被上升舱引擎鼓出的风吹倒了似的。

欢迎来到太空。不是你在电视上看到的那部分，那些荣耀与悲怆；而是介于两者之间的东西——那些小小的，喜剧性的片段和每天的小胜利。将我吸引到宇宙探索问题上来的，既不是英雄事迹，也不是探险故事，而是它们背后那些最具人性化的，甚至是荒谬的挣扎。一位阿波罗宇航员在太空行走的那天早上吐了，于是担心他个人会害美国输掉这场登月之争，进而引发了一场关于暂

---

① 译注：约15厘米或20厘米。

缓登月计划的讨论。还有人类历史上第一位太空人，尤里·加加林，始终记得当他在苏联共产党中央委员会主席团，以及成千上万欢呼雀跃的民众面前走红地毯的时候，突然发现自己的鞋带没系，于是自始至终脑子里就只有这一件事了。

在阿波罗计划结束的时候，宇航员们就一系列问题接受了采访，以取得反馈意见。其中一个问题是：如果一个宇航员在航天器外做太空行走的时候死去了，你们应该做些什么？"摆脱他。"这是其中的一个回答。而所有人都同意：任何试图追回尸体的尝试都可能使其他成员的生命陷入危险。只有一个亲身经历过那些绝非无足轻重的挣扎，最终穿上宇航服，进入宇宙飞船座舱的人，才能如此毫不犹豫地说出这样的话。只有一个曾在浩淼无垠的宇宙中飘浮过的人才能明白，被埋葬在太空里，就像海员的海葬一样，对死者来说绝无任何失礼，反而是一种荣耀。在太空中，任何事情都与地球迥异：流星从脚下划过，而太阳在午夜升起。宇宙探索从某个角度来说，是对人类存在意义的一种探索。人们能在多么反常的状况下生存？能活多久？这种生活对他们又有什么影响？

在我研究生涯的早期曾有那么一个时刻，那是长达88个小时的双子星七号任务中的第132分钟；正是这个时刻，在我看来，总结了宇航员经历的意义，也解释了为什么它如此吸引我。当时，一位叫吉姆·洛维尔的宇航员正在对地面指挥中心描述他用胶片记录下来的一幕，任务记录单上写着："漆黑的天空上悬着一轮满月，下面是麻红色的地球云层。"沉默了一会儿后，洛维尔的队友弗兰克·伯尔曼按下了对讲键："博尔曼在小便，大概有一分钟之久。"

然后隔了两行，我们看到洛维尔说："多么引人注目的一幕啊！"我们不大清楚他所指的到底是哪一幕，但很有可能不是有月亮的那一幕。从不止一位宇航员的回忆录看来，太空中最美丽的画面之一就是：一束在阳光下闪耀着光彩的速冻尿液滴。太空并不只是高尚与荒诞。太空消除了二者间的界限。

第 1 章　他人很聪明，就是鸟有点垮

日本宇航员的选拔

首先请脱鞋，因为你面前是一个日式房间。你穿上一双隔离室专用拖鞋，淡蓝色的乙烯基拖鞋上印着日本宇宙航空研究开发机构（JAXA）的标志，JAXA四个字母向前倾斜着，仿佛它们正在以骇人的速度冲入太空。隔离室位于JAXA筑波科学城总部的C-5大楼里，是一个独立式结构，也算是一个家。在长达一周的时间里，10名决赛选手将在这里竞争日本宇航队的两个空缺席位。我上个月来的时候，这里还没什么好看的——一间卧室，里面是挂着窗帘的“睡觉箱”；隔壁是一间休息室，有一张长长的餐桌，几把餐椅。这里更重要的是给人看。天花板下安置着五台闭路摄像机，精神科医生、心理学家以及JAXA管理人员组成的小组就通过这些摄像机观察这10名选手的一举一动。在很大程度上，他们在这里的行为以及小组成员对他们的印象，将决定他们中哪两个人在脱下印着JAXA标志的拖鞋后，能够穿上印着JAXA标志的宇航服。

考察是为了更好地了解这些人究竟怎样，是否适合太空生活。一个聪明的、积极性强的人或许能将他个性中不受欢迎的一面隐藏起来，但他们瞒得过一次面试[①]或者一张问卷——这两者加起来已经剔除了那些有着明显人格缺陷的申请者——却很难瞒过长达一周的观察期。用JAXA精神科医生井上夏彦的话说：“一直做个好人很难。”此外，隔离观察也可以判断一个人的其他方面，比如团队协作、领导力、冲突管理等——这些团队技能是一对一的

① 作者注：因为当宇航员迈克·穆莱恩在NASA精神科医生问到希望他的墓志铭上写些什么的时候，他回答说“满含爱意的丈夫，忠诚慈爱的父亲”。而实际上，他在《乘火箭飞》里开玩笑说：“只要能让我上一次太空，我把老婆孩子卖去当奴隶都行。”

面试所无法评估的。（NASA没有隔离室考察法。）

观察室在隔离室楼上。那天是星期三，为期一周的隔离期的第三天。观察员坐在长桌前，手里拿着笔记本，端着一杯茶，面前有一排闭路电视一字排开。现在这里有3个人，都是大学里的精神科医生和心理学家，他们盯着这些闭路电视，就像百思买门店里打算买东西的顾客盯着商品一样。而令人费解的是，其中一台电视上放的是一个日间脱口秀节目。

井上坐在操控台前，掌管着镜头变焦和话筒的控制，头顶上又是一排小的电视监控器。井上在40岁时就已卓有成就，在航天心理学领域广受尊重。然而他的长相和举止中总有点什么让你想要伸手过去捏捏他的脸。像这里的许多男性工作人员一样，井上穿露趾拖鞋的时候是穿袜子的。作为一名美国人，我对日本的拖鞋礼仪有着诸多不解，但在我看来，这样穿意味着JAXA就像他自己的房间一样，让他有家的感觉。无论如何，在这周内我总会弄明白的；他的工作时间是早上6点到晚上10点。

现在，监控器显示一名选手正在从纸箱里拿出一摞9英寸 × 11英寸的信封。每个信封上都标着选手的代号字母——从A到J——信封里有一张说明书，还有一个用玻璃纸包着的方形小包裹。井上说，这些材料要用来测试选手在压力下工作时的耐心和精确度。选手们撕开包裹，拿出一捆正方形的彩纸。“这项测试需要…… 不好意思，我不知道英文应该怎么说，做某种纸模。”

“折纸吗？”

“对！折纸！”今天早些时候，我用了走廊里的残疾人专用厕所。厕所的墙上有个仪表盘，上面布满了操作杆、双向开关、拉链开关，看上去就像航天飞机的驾驶座一样。我拉下了一个拉链开关，我以为是冲水用的，结果却是紧急护士呼叫铃。我当时的表情就跟我现在的表情一模一样。这表情的意思是“啥？”。在接下来的一个半小时里，这些争夺日本宇航员席位的人们，国人眼中的英雄们，将要完成的任务居然是：折纸鹤。

“折1 000只纸鹤。”JAXA的首席医疗官橘川昭一出来解释了一下。他一直默默地站在我们身后。这个测试是他想出来的。传统上，日本人认为折了1 000只纸鹤的人将健康长寿。（显然这种保佑是可以传递的；所以人们通常会将这些穿在长绳上的纸鹤送给医院里的病人。）不久，橘川会将一只完美的黄色纸鹤放在我面前的桌子上，只比蚂蚱大那么一点点。而角落的沙发扶手上会出现一只小恐龙。他就像恐怖片里的坏人一样，潜入英雄家中，留下一个小小的纸折动物作为他邪恶的象征，告诉英雄他就在这里。或者说明他很喜欢折纸。

选手们的截止日期是星期天。人们在桌前分发着纸片，鲜艳的色彩打破了房间的沉闷。继鞋盒结构和斜躺在地上的火箭造型之后，JAXA又将通常出现在NASA内墙上的灰绿色成功地复制到了这里。这是一种我在别处从没见过的颜色，在色卡上也没有，然而它在这里出现了。

这项千纸鹤测试的过人之处在于：它会将每个选手的表现按时间顺序记录下来。完成任务后，选手们将这些纸鹤穿在一根长绳上。在隔离期结束后，这些纸鹤会送去分析。这是带有法医学意味的折纸：随着截止日期的逼近，压力越来越大，选手们的折缝会不会越来越马虎？最开始的10只纸鹤与最后10只相比，有什么区别?“精确度下降表明人在压力下耐心的丧失。”井上说。

我听说在国际空间站，一次典型的飞行任务有90%都是在装配、修复或者维护航空器本身。这是非常程式化的工作，而大部分工作都需要穿着耐压服并带着一定量的氧气来完成——这就像背着个计时器。宇航员李·莫林的主要工作是安装国际空间站桁架的中央部分，而桁架是安装各种试验舱段的核心。李·莫林在描述自己的工作时说:“它是靠30个螺栓连接在一起的，而我一个人就拧了12个。”(他忍不住又补充说:“相当于每训练两年才能拧一个螺栓。”)约翰逊航天中心宇航服系统实验室里有手套箱模拟太空中的真空环境，并对一副加压手套充气。手套箱里是一个重型登山锁，这是宇航员工作时，将宇航员和他们的工具与空间站外壁拴在一起的重要工具。使用这个拴链就像戴着棉手套发牌一样困难。单单是握拳就能在几分钟内让你的手疲惫不堪。所以，你绝对不能一受挫就表现得一团糟。

1个小时过去了，一名精神科医生已经将目光从观察选手转向了脱口秀节目。一名年轻的演员正在接受采访，回答关于他的婚礼以及他希望成为怎样的父亲之类的问题。选手们还在桌前弓着身子，安静地工作。选手A是一名整形外科医师，同时也是合气道爱好者，他以14只纸鹤的战绩排在第一位。剩下的大部分人刚折了七八只。操作指南长达两页。我的翻译小百合从本子上撕了一张纸也在折，她已经折到第21步了，给纸鹤的身体充气。操作指南上画着一个小云朵，用箭头指向纸鹤。这种指示只有当你已经知道该怎么做的时候才能看懂。不然看上去会非常的超现实:把一朵云塞进一只鸟里。

很难想象约翰·格伦或者艾伦·谢帕德将他们的才能运用在古老的折纸艺术上会是怎样一副场景，真是想想就很欢乐。美国的第一批宇航员是靠胆量和个人魅力脱颖而出的。水星计划的7名宇航员全都是现役或退役的试飞员，这是规定。这些人每天朝九晚五的工作就是打破飞行高度纪录和克服音障，不是自己几乎失去知觉就是飞机几乎失速坠毁。而直到阿波罗11号，每次任务都创下了NASA新的第一次。第一次太空旅行、第一次轨道运行、第一次太空行走、第一次对接演习、第一次登月。各种惊险开始沦为家常便饭。

每次飞行任务的成功都使得太空探索更接近常规，更接近——别不信——无聊。“驶向月球途中的趣事：不太多。”阿波罗17的宇航员吉恩·塞尔南写道，“应该带着填字游戏来”。而阿波罗计划的结束则标志着载人航天从探险阶段到实验阶段的转变。宇航员们在地球大气层边缘装配了环轨道运行的科学实验室——太空实验室、空间实验室、和平号、国际空间站。他们在那里进行零重力实验、发射通信卫星、发射国防部卫星、安装新的马桶。“和平号上的生活很单调。”在记录航空史的期刊《探索》上，宇航员诺曼·萨加德如是说。“最常见的问题就是无聊。”迈克·穆莱恩将他的首次航天飞行任务总结为“拨几个拨动开关，放几颗通信卫星”。当然还是有新的第一次的，NASA同样满怀骄傲地把它们都列了出来，但是这些不会登上报纸头条。比如太空任务STS-110空间运输系统（Space Transportation System）中的“第一次所有航天飞机机组人员都通过国际空间站的寻求号气密舱进行太空行走”。在航天飞机时代的文献中，“能够容忍无聊及低水平的刺激”是

NASA精神科和心理科内部工作组选拔宇航员的必备条件之一。

如今宇航员这个名号下有两大类人。（如果算上有效载荷专家的话就有三类，教师、花钱打水漂的参议员[①]、公费旅游的沙特阿拉伯王子都算在这一类里。）驾驶宇航员是掌控全局的人。任务专家宇航员进行科学实验、做维护工作、发射卫星。他们仍旧是最棒的、最聪明的人，但未必是最大胆的了。他们中有医生，有生物学家，也有工程师。如今人们心中的宇航员是英雄也是书呆子。（迄今为止JAXA在国际空间站上的宇航员已经归类为NASA任务专家了。国际空间站上有一个JAXA修建的实验舱，叫作基博[②]。）而做一名宇航员压力最大的时刻，橘告诉我，恰恰是当不上宇航员的时刻——当你不知道究竟能不能得到飞行任务的时刻。

第一次跟一名宇航员交谈的时候，我还不知道宇航员还分这么多种。我心目中所有的宇航员都像阿波罗影片演得那样：金色护面背后的无脸英雄，因为月球引力微弱，他们像羚羊一样跳来跳去。我访问的宇航员是李·莫林。任务专家李·莫林体格健硕，语调温柔；穿着印有帆船和芙蓉花的衬衫，走路时一只脚略有内八。他给我讲了一件事，讲的是他协助测试一款用于航天飞机发射平台逃生滑梯的润滑油。“他们让我们弯下腰去，把润滑油刷在

---

① 作者注：有些宇航员会利用自己的地位进入参议院，也有些参议员利用自己的影响进入 NASA 的飞行任务，现在太空中已经制定出了一个参议院法定人数。（约翰·格伦则把两条路都走了一遍，在他 77 岁的时候以参议员身份重返太空。）然而这步棋也有走错的时候，比如杰夫·宾加曼就以一句“他什么时候脚踏实地为你做事了？”击败了成为新墨西哥州参议员的阿波罗宇航员哈里森·施密特。

② 译注：Kibo，日语きぼう，意为希望。

我们的屁股上，然后我们跳下滑梯。润滑油通过了测试，于是（任务）得以继续，空间站得以建成。我很骄傲。”他面无表情地说：“我为这次任务做出了自己的贡献。”

我还记得我看着莫林离开，看着他那可爱的步伐和那为了科学而润滑过的屁股。心里想着：“哦天哪，他们也是人啊。”

NASA很大一部分资金赞助要依靠这个令人兴奋的神话。在水星计划和阿波罗计划时形成的意象几乎完好无损。在NASA正式的8英寸 × 10英寸宇航员照片中，许多宇航员仍旧穿着宇航服，也仍然把他们的头盔夹在大腿中间，仿佛约翰逊航天中心的摄影工作室随时会莫明其妙失去气压一样。实际上，在一名宇航员的职业生涯中，可能只有1%的工作是在太空完成的，而这其中又只有1%的工作需要他们穿上抗压服。奥赖恩太空舱计划实施那天莫林也在场，他是驾驶舱工作小组的一员，当时在协助算出瞄准线以及电脑显示器的最佳位置。没有飞行任务的时候，宇航员们就跑去开会，做委员会工作，去学校和扶轮社演讲，评估软硬件，做一些地面指挥中心的工作，不然的话，用他们的话说，就拿桌子当飞船开着玩。

并不是说勇气已经退出历史舞台了。“临危不乱”仍然是成为宇航员（必需）的特质之一。一旦发生什么问题，每个人都必须保持清醒的头脑。一些选拔宇航员的机构——比如加拿大航天局（CSA）——仍然将更多注意力放在灾难处理技能上。加拿大航天局2009年的宇航员选拔测试重点项目被分期放在了他们的网站主页上，就像一场真人实境电视节目。选手们被送往一个灾难控制培训机构，在那里学习怎样从燃烧的太空舱或者坠落的直升机中逃生。

他们要从一个骇人的高度脚向下落入一个被波浪生成器推出5英尺（1英尺=0.3 048米）高巨浪的游泳池，背景中还放着以打击乐为主的动作片原声带以增强画面的戏剧感。（有可能这段片子更多的是为了提升媒体曝光度而不是为了挑选加拿大下一届宇航员。）

早些时候，我问橘有没有打算给他的选手们一些“惊喜”，以察看他们在紧急情况突然出现时的反应。橘告诉我他考虑过把隔离室的厕所弄坏。这个答案又令我始料未及，但天才就是这么干的。厕所坏了的片子要是放出来肯定不如动作片打击乐的那段好看（哦，搞不好还是这段比较好看），但是更加符合时宜。厕所故障不仅是太空旅行所面临的一个更有代表性的挑战，而且——我们会在第14章详细说明——自有其压力所在。

“昨天你来之前”，橘又说，“我们把午餐推迟了1个小时。”小事可以定生死。如果不知道推迟的午餐、坏掉的厕所都是测试的一部分，选手们就更容易暴露真实的性格。刚开始写这本书的时候，我申请做一次模拟火星任务的实验对象。我通过了第一轮选拔，并被告知欧洲航天局（ESA）会有人在这个月晚些时候给我打电话，进行一次电话面试。这个电话打来的时间是凌晨4：30，当时我的暴脾气一览无余。后来我才意识到这很可能是个测试，而我已经被淘汰出局了。

NASA也有类似的手段。他们会给一名选手打电话，告诉这名选手他们要重新给她做几项身体检查，而且第二天就要做。“而实际上他们要考察的则是：‘看看这个人到底会不会为了成为我们中的一员而放弃一切’。”行星地质学家拉尔夫·哈维如是说。哈维的南极陨石搜寻（ANSMET）计划组成员偶尔也会递交宇航员申请。（南极是对太空的一个极佳模拟，人们认为，那些能在南极健康生活的人必定也为与世隔绝的太空旅行做好了充分的心理准备。）哈维最近就接到了一通这样的电话，是关于一名选手的。“他们说：‘我们明天要给他一架T-38战斗机，这是他第一次开。我们希望你能以观察员的身份跟他一起去，然后告诉我们你觉得他怎么样。’我回答说：‘没问题！’其实我知道根本没这回事儿。他们只是想测试一下我对这个人的信任度罢了。”

看未来的宇航员们怎样处理压力，还有一个原因就是，你用来减压的活动只能局限在宇宙飞船上。“比如说购物，”橘说，“你在宇宙飞船上就没法购物。”也没法喝酒。“也不能泡个长长的热水澡。”田边久美子补充说。田边控制着JAXA的媒体和出版部门，因此，我估摸着，她应该没少泡热水澡。

午餐时间到。10名选手全部起身打开箱子摆放碗盘。然后他们重新坐下，但是没有人动筷子。你简直能看出来他们正在思考策略。第一个吃东西意味着地位比较高吗，还是意味着任性和缺乏耐心？身为内科医生的选手A想出了看起来相当理想的解决方案。“用餐愉快！”他对大家说。然后他和别人同时拿起了筷子，但是等着别人先夹菜，自己再开始吃。真是老谋深算啊。我押他赢。

宇宙探索的全盛期过后，还有一件事发生了变化。与水星计划、双子星座计划和阿波罗计划相比，航天飞机上工作人员的数量多了一到两倍，而任务周期也不再只有几天，而是持续几周甚至几个月。这也就导致水星计划时代“对的人”现在成了“错的人”。现在的宇航员必须是能与别人合作的人了。NASA推荐的宇航员素质清单上多了一项“能够怀着一颗敏感、尊重、同情的心与别人建立良好关系。适应能力强，有灵活性，待人公正，有幽默感，能够建立良好稳定的人际关系”。如今的宇航局不再需要趾高气昂、胆大包天的人了。他们需要的是《罗丹萨的夜晚》[①]中理查·基尔那样的人。自信要“适度”，冒险行为则要“适当”。一名好的工作人员不再需要逞强、雄壮、富有攻击性。或者如NASA的首任员工心理治疗师帕特里夏·桑提在她的《选择正确的员工》一书中所说：“自恋、自大、人际关系不敏感。”试问，“谁愿意跟这么个人一起工作呢？”

由于人口增长严重过快，日本人已经能很好地适应空间站里的生活。他们已习惯了空间狭小、隐私有限的生活。他们的体重更轻，比美国人更“便携”。或许最重要的一点是，他们自小就彬彬有礼，喜怒不形于色。我的翻译小百合是一个体贴到将茶杯递给JAXA餐厅的洗碗工前，会先把杯缘的口红印擦掉的人。她说，她的父母以前常跟她说：“不要在平静的湖面掀起波浪。”而她说，做一名宇航员只是“日常生活的一种延伸”罢了。对此，航天飞机机组成员罗杰·克罗茨深表同意。“他们都是优秀的宇航员。”他说。我在日本期间一直通过邮件与他保持着联系。

我向橘求证我的理论。我们已经走出观察室，来到楼下大厅聊天。我们坐在JAXA宇航员半身画像下的矮沙发上。“你说得没错。”他说，一只膝盖上下颠着。（今年早些时候我来参观时，他的老板告诉我，宇航员面试的时候，颠腿的和没有做到目光接触的

---

① 作者注：那是一次长达10小时的飞往东京的旅程。

都会被红牌罚下。于是在那段谈话剩下的时间里，我们两个都死死盯着对方，谁也不肯把眼睛挪开。)“我们日本人习惯压抑我们的感情，试着合作，试着接受，有时候做得太过了。我都担心我们有些宇航员表现得太过于好了。”将感情压抑得太深太久是要付出代价的。你要么会崩毁，要么就会爆发。“大多数日本人都会变得抑郁，而不会爆发。”橘说。幸运的是，他又说，JAXA的宇航员会和NASA的宇航员一起训练好几年，而在这几年中“他们的性格会变得比以前稍微暴躁一点，更像美国人一点”。

在之前的隔离室测试中，一名选手由于暴躁情绪表达得太过而被淘汰了，而另一名则因没能将暴躁情绪积极地表现出来也被淘汰了。橘和井上寻找的是那些能够保持平衡的人。我一下子就想到了NASA宇航员佩吉·惠特森。在最近的NASA电视节目上，我听说NASA有人跟惠特森说，她和她的队友刚拍出来的一组照片找不到了。如果我花了一上午的时间在拍照片，然后让我拍照的那个人跟我说他把照片丢了，我肯定会说：“再给我找找去，你个猪头！”然而惠特森没有一点气恼的样子，她的回答是：“没关系，我们可以再拍一次。”

如果想做个宇航员，还有什么别的事是不能有的吗？

“打呼噜。”橘说。如果呼噜声太大，你可能会被剔出备选名单。因为“打呼噜会吵醒别人”。

据《扬子晚报》的消息，中国宇航员的体检过程中，有口臭的都不能通过。并不是因为怕他有牙床疾病，而是因为，用健康筛选官员施斌斌的话说：“身体有异味在狭小的空间会影响同事。”

午餐结束，有两名选手——现在3个了，等下，4个了！——

在收拾桌面。这让我想起了那种无刷洗车行，一小队擦车工涌向你的车，因为只有在那里，刷洗才存在。不过谁也不用洗碗。中心指示他们将用过的碗盘和餐具放回到标着自己字母代码的塑料箱里，再把这个箱子放进“气闸”中。而选手们不知道的是，他们的餐具接下来会被放上一个推车推去拍照。照片则和他们折的纸鹤一起递交精神分析师和心理学家分析。我去看了他们昨晚餐具的拍摄情况。摄影师的助手打开箱子，摆好印有选手字母代码和日期的硬纸板，纸板上的字刚好出现在照片最下方，看上去就像是这些餐具中刚刚发生了一起惨案，而他们在拍犯罪现场照片。

井上对于分析餐具的目的描述得很模糊。他只说是为了看他们都吃了什么。好吧，选手C没有吃鸡皮；选手G剩下了味噌汤里的海草；E剩了一半的汤没喝，泡菜一点没动。而我押了注的选手A则把东西都吃光了，并且按照午餐来时的样子又把餐具一丝不差地摆回了原位。

“你看G桑，”摄影师咂了咂嘴。（“桑”是日语里的一种敬语，类似于“先生”或者“女士”。）他拿起了G放在所有餐具顶上的泡菜盘。“他把鸡皮藏在下面了。”

我不太确定自己到底有没有弄明白为什么对宇航员来说，把东西都吃完、把脏碗盘堆整齐是一件很重要的事。在狭小的空间里，保持整洁当然很重要。但我总觉得这个分析还有着其他的意味。如果我告诉一个陌生人在过去的这几天里我都观察了哪些行为，让他猜我这几天在哪儿的话，我估摸着他死也不会想到“宇航局”的，倒有可能想到“小学”。除了折纸外，这周里选手们的任务还包括用乐高拼机器人，以及画一幅名为“我和我的同事”的彩色铅笔画（这些成果也是要让精神卫生专家们拿去分析的）。

现在，屏幕上出现的是H，他正在对着他的同事以及摄像头发表讲话。这一活动的名字叫作“个人长处展示”。这种活动在我脑海中应该类似于一次单向的面试，或者是对个人性格特点以及工作能力的逐一列举之类。结果他们做的更像是夏令营里的才艺展示。C的长处是能用4种语言唱歌，D则能在30秒内做40个俯卧撑。

让这些活动更有校园气息的是，选手们还穿着围裙装。就像小孩子在体育课上为了区分不同队伍而穿的那种衣服一样。围裙装上印着各人的字母代号，以便观察员区分。因为隔离室灯光很暗，摄像机又很少会拉近到人脸上，所以如果不穿成这样，很难弄清讲话的人究竟是谁。在推行围裙装之前，大家常会把脸贴近屏幕，小声问身边的人：“这人是谁？ E桑吗？”“我觉得是J桑。”“不是吧，J桑在那儿呢，穿条纹衣服的那个。”

H则说：“我可以撒把骑自行车。”然后他又把手握成杯状，将弯曲的拇指靠近唇边，试了几次之后，他发出了一种又低又干且不悦耳的口哨声。“我没有像你那样的才能。”H郁闷地对B说。B刚刚给我们讲了他的队伍赢得羽毛球冠军的故事，并且拉起裤管展示了他大腿上的肌肉。

H坐下了，F站了起来。F是组里的3个飞行员之一。“作为一名飞行员，沟通能力是很重要的。”F在这样生硬的开头后，突然大转弯，给我们讲起他跟兄弟们出去喝酒的事情来。“我们通常去女生爱去的地方。这样可以帮助我们沟通，打破男人间冷冰冰的气氛。”F把嘴张得大大的，给我们看他的舌头能做什么。心理分析师们都凑近电视仔细看。小百合的眉毛都竖了起来。“我做这个给女生看。”F说。啥? 井上拉近镜头。F的舌头打了两个弯，就像一对玉米卷一样:“这是我常用的一个开场。”

下一个就是我押了注的A了。他说要给我们演示一种合气道技巧，问有没有愿意帮忙的人。D站了起来，他的围裙装就像内衣肩带一样有点从肩上滑下来了。A说他读大学的时候，低年级的学生有时候会醉得动不了。“于是我就扭住他们的胳膊让他们站起来。”他抓住D的手腕，D疼得叫出声来，大家都笑了。

“他们怎么跟兄弟会男孩一样。”我对小百合说。小百合旁边坐着橘，她在给他解释“兄弟会男孩”是怎么回事。

“说实话。”橘说，“宇航员确实有点像大学生。”人们给他们布置任务，帮他们做决定。太空之旅有点像上一所规模极小，层次极高的军校，只不过中士和系主任换成了宇航局管理部门。生活很艰苦，而你最好遵守规则。禁止讨论其他宇航员，禁止说脏话[①]，永远不抱怨。就像在军队里一样，兴风作浪的人要么吃苦头，要么被送走。

在整个空间站时代，人们心目中最理想的宇航员始终是像表现极好的小孩一样遵守所有指令和规则且颇有成就的大人。日本就制造出了一批这样的人。在这种文化里几乎没有人乱穿马路，没有人歪着站。人们从不打算挑战权威。在我来东京的飞机上，邻

---

① 作者注：我上周读到一篇未经编辑的草稿，里面的“该死”和“见鬼”都被用墨水除去了，就像CIA档案中情报人员的名字一样。吉恩·塞尔南有次在阿波罗10号险遭意外的时候回应说“真是日他大爷的，要了亲命了，我靠”，结果迈阿密圣经大学的校长给尼克松总统写信，要求他进行公开忏悔，而NASA也要求塞尔南忏悔。于是他在回忆录中把最后一句改成了：“真他大爷的见鬼。”

座的人告诉我她妈妈不许她打耳洞。她直到37岁才鼓足勇气自作主张去打了。“我正在学着直面我母亲。”她悄悄告诉我。而她已经47岁了，她妈妈86岁。

“当然，探索火星又是另一回事了。”橘说，“探索火星需要一些更活跃有为，更有创造力的人。因为他们必须完全靠自己。”无线电通信会有长达20分钟的延迟，紧急情况下，你不可能指望地面控制中心给你建议。“这时又需要勇敢的人了。”

我离开东京几周后，JAXA公共事务办公室给我发来了一封邮件，告诉我他们最后选中了选手E和选手G。选手E是全日空航空的一名飞行员，而且是日本音乐剧的粉丝。他的个人长处展示部分表演的是他最喜欢的音乐剧里的一幕。这一幕里他要假装哭泣，并且缠着他假想的妈妈的胳膊。还是相当勇敢的，只不过不是飞行员那种勇敢的方式。选手G也是飞行员——他是日本空军自卫队的一员。空军飞行员总是宇航员的最佳人选，不仅因为他们的飞行背景和飞行技能。他们已经习惯了面对风险，在压力下完成任务；习惯了住在狭小且毫无隐私可言的营房上下铺；习惯了遵守命令，以及长时间与家人分离——而且，正如JAXA的一名职员指出的，宇航员选拔也是一种政治活动。而空军始终跟宇航局有着千丝万缕的联系。

我离开日本的第二周，10名选手全部飞往约翰逊航天中心接受NASA宇航员和选拔委员会成员的面试。橘和井上认为选手的英语水平是决定选拔的一个重要因素，就如同——在我看来——他们和NASA成员的关系一样重要。“这件事最重要的部分，整个过程的核心。”南极陨石搜寻计划组的拉尔夫·哈维说：“就是那场面试。你跟几个宇航员坐在一起聊天。你可能会成为跟他们一起困在南极洲一个小帐篷里的人，并且不只是空间站里的6周或者6个月，而很可能是10年，在你们等待飞行机会，或者在任务控制中心或其他地方工作的时候。他们不只是在选择一个同事，而且是在选择一个伙伴。”所以日本飞行员要比医生更有机会，因为他们和NASA的宇航员有很多共同点。全世界的军人和航空业的人都是同仁，而E和G就是其中的成员。

我第一次参观JAXA的时候，接待我的是另一个翻译。我们从火车站开车出来时，真奈美把一些标志翻译给我听。其中一个写着欢迎来到“筑波——科学与自然之城”。我常常听到人们叫它筑波科学城。这里不仅有JAXA，还有农业研究所、国家材料科学研究所、建筑研究所、森林综合研究所、国家农村工程研究所、中央饲料及畜产研究所。这里的研究所多到研究所下面还有研究所：筑波研究所中心。那么城市名称中那个“与自然”的部分又是怎么回事呢？真奈美解释说，第一批人搬入筑波的时候，这里没有树，没有公园，没有任何与工作无关的事情。没有任何一条主干道或者高速列车通往这座城市。人们在这里除了工作还是工作。结果，她说，这里的自杀现象特别多，许多人从研究所的楼顶上跳下来结束了生命。于是政府建造了一所商场，几个公园，种上了花草树木，并将城市名称改为了“筑波——科学与自然之城”。这招好像挺管用。

这个故事不由得让我思考起去火星的旅程来。在一个枯燥乏味的、人造的结构中待上两年，无法逃离工作，无法逃离同事，没有树，没有花，没有性生活，窗外没有任何风景，只有空旷的宇宙，或者充其量还有红色的土地。宇航员的工作充满压力，其原因正如你我一样——劳累过度、睡眠不足、焦虑、与人相处——而有两件事情可以让压力变得更糟：对自然环境的剥夺，以及个人的无力反抗。隔离和禁闭是每个太空机构都需要处理的大问题。加拿大、俄罗斯、欧洲和美国的太空机构拿出了1 500万美元精心策划了一次心理实验，将6个人放进一个模拟的宇宙飞船里，假设他们在火星执行任务。舱门明日开启。

第 2 章　盒中生活

隔离与禁闭的危险心理学

火星就在楼上左转。火星表面模拟器是组成名为火星500的5个紧锁的、互相连接的模组之一——500指的是绕火星1周外加在火星上停留4个月总共需要的天数。进行模拟的地方在莫斯科生物医学问题研究所（IBMP），这是俄罗斯主要的航空航天医学研究机构。参加成套心理试验的人每人可以得到15 000欧元，该试验的目的是想了解与别人为你选择的室友一起被关在一个人造的狭小空间里会给人造成哪些有害影响，以及如何消除它。

今天他们“登陆了”。电视台的人在楼梯跑上跑下，寻找放三脚架的最佳位置。“一开始他们都在下面那里。”一位驻扎在可居住模组夹层上的研究所职员困惑地说，“然后现在你也看到了，他们又一窝蜂地来这边了。”

伴随着一段军号声的录音和最后1分钟你推我搡的卡位，舱门开启。6个人走下台阶对着镜头微笑，他们已经习惯面对镜头了。在过去的3个月里，他们接受着镜头不分昼夜的监控。（这次短期隔离是为了给计划于2010年开始的为期500天的模拟飞行作准备。）机组成员挥着手，直到这动作开始显得有点傻了，他们才一个一个地放下手臂。他们穿着蓝色的“飞行服”。后来我走回地铁站的时候和隔壁公寓大楼的员工擦肩而过，他也穿着一身一样的蓝色衣服，有那么一瞬间让我感觉好像太空人还兼职园丁或者打杂。

隔离室实验几十年来一直是莫斯科生物医学问题研究所一个利润丰厚的小作坊。我读到过一篇1969年的文章，详细地讲述了一个长达1年的模拟任务，却始终没写明模拟的目的地是哪里。整个方案跟火星500很相似，只有一些极小的、有趣的出入，比如说每天结束时都要有一条“个人信息”。这篇文章是一本学术期刊里的，但是读起来感觉很像在翻阅某种同性恋版的《女士家庭杂志》。在插图中你会看到3个男人准备晚餐，侍弄花房里的植物，穿着高领衫和毛背心在听收音机，还有给彼此剪头发的画面。文章中完全没有提到他们是否发生过口角，有没有不适应症，或者比如博日科举着理发剪追尤利比舍夫之类的情节。文章中几乎完全没有提到这些细节。记者招待会也不会讲的，记者招待会是用来说套话和表示乐观的。

就像这样：“我们完全没有问题，没有任何冲突。”火星500的指挥官谢尔盖·雅赞斯基正在发表讲话。记者招待会在二楼的一个房间里，也就是说大多数摄像师都要收起他们的三脚架，冲锋上楼，这又为研究所的工作人员带来了更多的欢乐。这个房间大概有200把椅子，却有300个屁股。

“大家彼此配合得很好。”雅赞斯基念叨了10分钟了。这时一位记者终于说了出来：“我们媒体界的人会希望得到一些八卦新闻，你们能否给一些个人之间紧张关系的例子呢？”

他们不能。假扮宇航员的人都必须言行谨慎，因为他们中有许多人想成为真正的宇航员。火星500小组成员包括一名胸怀大志的欧洲宇航员、一名胸怀大志的俄罗斯航天员，以及两名等待飞行任务的俄罗斯航天员。自愿参加模拟任务可以让宇航局了解你至少有他们需要的一部分素质：愿意去适应一个环境，而不是努力改变它；能够容忍禁闭的环境，简单的生活条件；情绪稳定；且有一个支持你的家庭。

雅赞斯基不肯透露他组员八卦新闻的另一个原因是，就像大多数隔离室志愿者一样，他也签署了一份保密协议。航天局想知道当你把一堆人关在一个毫无隐私的盒子里，并且让他们睡眠不足饮食不佳时会发生什么事情。但是他们则十分谨慎，不想让其他人知道。“如果航天局跳出来说：‘哎呀，这些问题都发生了！’人们就会说：‘哎呀，这些问题都发生了！那我们为什么还要去太空？太冒险了！’”内科医生诺伯特·克拉夫特说。他现在在加利福尼亚州NASA艾姆斯研究中心工作，研究一项长期任务的小组心理学和生产率问题。“航天局要努力维持良好形象，不然就没人给他们投资了。”一切发生在可居住太空舱里的事仅限可居住太空舱里的人知道。

除非有人泄密，就像上次莫斯科生物医学问题研究所进行隔离试验时那样。国际成员组前往空间站模拟飞行在1999年默默登上了头条，因为有人把酒后闹事和性骚扰的消息泄露给了媒体。而这一次的成员组显然被训练得更加谨慎了。

“我们的个人训练能够帮助我们避免一切冲突。”雅赞斯基还在说，“对情绪的反应毕恭毕敬且非常礼貌。”此时在房间的各个角落，记者们开始意识到，他们白跑了好几百里地，什么消息也挖不到。很快这个房间里每个人都会有椅子坐了。

上次的模拟飞行“事件”发生在隔离3个月后，当时不同模组的队员正在进行“对接”。其中一组由4个俄罗斯人组成，另一组则（刻意）安排了不同文化背景的人进去：1个加拿大女人、1个日本男人、1个俄罗斯男人，以及他们的指挥官，出生于奥地利的诺伯特·克拉夫特。在2000年元旦的凌晨2：30，俄罗斯组的指挥官瓦西里·鲁克扬约克将加拿大籍的组员茱迪斯·拉皮埃尔推出镜头拍摄到的范围外，并不顾她的反抗，舌吻了她两次。而在这一接吻事件发生前不久，另外两名俄罗斯成员大打出手，血溅围墙。此后，两个模组之间的舱门关闭，日籍成员辞职，而拉皮埃尔向莫斯科生物医学问题研究所以及加拿大宇航局发出投诉。莫斯科生物医学问题研究所的心理学家们，据她说，完全不予支持，还说她反应过度。于是她不顾保密协议，不顾自己想做宇航员的志向，将自己的经历告诉了媒体。用莫斯科生物医学问题研究所心理学家瓦列里·古辛的话说，“她自己的脏衣服非要当众洗”。

我跟拉皮埃尔联系的时候，“她衣服已经洗好了”。她跟我确认了事情经过，然后把指挥官诺伯特·克拉夫特的联系方式给了我。克拉夫特是一个在闭路电视两端都工作过的人——既是日本宇宙航空研究开发机构的隔离测试顾问，又是国际成员组前往空间站模拟飞行实验的成员。他说他是自愿的，因为他迫切想知道他所监控的那些人是怎样一种感觉。克拉夫特有一种可爱的、无拘无束的好奇心。前往空间站模拟飞行的国际成员组个人资料显示，他喜欢跳华尔兹、潜水、做黑莓蛋糕、照顾日本花园。他很乐意从山景城大老远地开车来奥克兰跟我聊天，他说：“因为这是一种不同的经历。”

克拉夫特对这件事的讲述与报纸上有着细微的差别。与其说拉皮埃尔是一次性骚扰的受害者，倒不如说她是这个机构性别歧视的受害者。古辛也曾表示过，俄罗斯人认为女人就应该有女人的样子，不要跟男人平等一致，哪怕女宇航员也是一样。苏俄太空计划历史学家彼得·佩萨文托曾说，在和平号空间站上，其他成员指责美国宇航员海伦·谢尔曼的举动过于专业——比如，她不跟人调情。瓦莲金娜·捷列什科娃为苏联抢到“首位女太空人”的称号之后几十年间，仅有两位女性在1963年作为太空人参与过太空飞行。其中第一位叫韦特兰娜·萨维茨卡娅。在她穿过礼炮号太空舱的舱门时，有人递给她一件印着花朵的围裙。

从一开始，莫斯科生物医学问题研究所的员工和心理学家对拉皮埃尔就很轻视。他们并没有真正将她看作一名研究员，因为，如克拉夫特所说，她是女人。雪上加霜的则是语言障碍。拉皮埃尔只会讲一点点俄语，而“地面控制中心”只会讲一点点英语[①]。在俄罗斯模组中，只有指挥官能够轻松地用英语交谈。他对拉皮埃尔很好，而克拉夫特认为拉皮埃尔把他看成了帮助她赢得俄方尊重的潜在盟友了。因此她尽一切所能巩固与他的关系。克拉夫特说，她很友好，但是她表达友好的方式跟俄罗斯女人不同：她坐在他腿上，亲他的脸颊。“她给出的所有讯息都是错误的，可她自己并没有意识到。”

克拉夫特说，人们把那名日本人的辞职怪在了拉皮埃尔身上，这是不公平的。那个日本人梅田正孝说自己退出是因为要与拉皮埃尔同进退。而克拉夫特说，梅田关上舱门是因为他很反感俄罗斯队员看色情电影，他早就想找个借口退出了。

要是我估计也早想退出了。除了禁闭的巨大压力、睡眠不足、

---

① 作者注：这是俄美太空合作中一个常见问题。NASA 的心理学家阿尔·霍兰德给我们讲了一个故事。在和平号航天飞机计划中，他们有次在莫斯科开车时，他这条车道上的车停住了。后座一个俄国人问：“那边出什么事了？”霍兰德当时刚学会了一个新的俄语词 stopka，意思就是堵车。于是他骄傲地想用这个词来回答，结果他说成了 popka：“大屁股！”

语言文化差异、缺乏隐私之外，队员们还面临着一些不易察觉的折磨。淋浴房里有蟑螂，却没有热水。每天的晚饭都是荞麦粥（拉皮埃尔管它叫“麦糊”），日复一日。“地上有老鼠跑来跑去，管道都发霉了。”克拉夫特在一封电子邮件中写道。他还随信附了6张照片，其中一张下面写着：“头虱。”虱子大暴发并不太困扰克拉夫特，因为“这也是全新的经历”。俄罗斯队员们则淡定地剃光了头发。只有拉皮埃尔不但要对付虱子，还要应对莫斯科生物医学问题研究所员工的反应。“俄罗斯人说：‘茱迪收了一个加拿大寄来的包裹，那个包裹里有虱子’。”克拉夫特回忆说。

真人实境电视节目的制作人一定知道，要想点燃人们胸中压抑的沮丧，最有效的方法就是把他们泡在酒精里。模拟飞行的实验记录上只有一瓶香槟，是研究所给他们庆祝千禧年元旦前夜准备的。而事实上，舱里发现了许多酒瓶，不只有香槟，还有伏特加和白兰地干邑。克拉夫特说这些酒是以贿赂的形式进入隔离室的。如果你想让俄罗斯志愿者好好帮你做研究，他说：“你最好把你的试验跟伏特加和腊肠放在一起。”

显然在苏俄太空实验室，情况也是如此。和平号宇航员杰瑞·里宁哲在回忆录中写道，他在宇航服的一只袖子里发现了一瓶白兰地干邑，另一只袖子里则有一瓶威士忌，他很惊讶。（里宁哲是太空探险中的正直先生：“我严格遵守了NASA的政策，执行任务时不得饮酒。”）如果你要在俄罗斯执行长期任务，克拉夫特说：“你最好连消毒剂都藏好。”我在俄罗斯的时候，一位要求匿名的太空人给我看了他在太空中拍的一张照片：两名宇航员叼着吸管飘浮在两边，中间是一罐5升的白兰地干邑，看上去就像两个青少年在共享一杯麦乳精一样。

虽然媒体对这次模拟飞行实验的大规模报道将莫斯科生物医学问题研究所和其他航天机构都推上了守方，研究人员还是很开心，就像JAXA心理学家井上夏彦所说的，因为可以“得到非常独特的研究结果了”。毕竟这还是一次对跨文化任务中小组成员互动状况的研究。“这一事件”，井上在一封电子邮件里告诉我，“为我们以后组员的选拔和培训带来了许多有价值的材料。”大多是众所周知的东西。确保他们能用一种共同语跟人交流，确认他们的团队协作能力，选择幽默且适应性很强的人。给每人上一堂跨文化礼仪速成课。比如说，当时就应该有人警告拉皮埃尔，对于俄罗斯男人来说，在一个派对上亲吻一个女人“不算什么”（古辛的原话）。如果你不喜欢这样，直接扇他耳光，告诉她说“不行”就意味着“也可以”。告诉她俄罗斯男人打得鼻子出血也算是“友好干架”。（克拉夫特也证实了这点，虽然难以置信。“这就是他们解决争端的方式。他们在和平号上也这样。”）

然而无论你跨文化礼仪课学得多好，总还有一些事是注定会被忽略的。拉尔夫·哈维监测了他的陨石搜寻小组在南极偏远营地发生的事情。他告诉我，有一个西班牙队员习惯拔下自己的头发丢进营地的火炉里烧。那个人解释说：“在西班牙，理发师会将剪下的发尖烧掉，而我喜欢那个味道。”第一周他这么做的时候，他的队友们都被逗乐了，但是很快这件事就开始引发不和。“现在我们调查问卷上都有这么一条了。”哈维开玩笑说，“你是否爱烧自己的头发玩？”

克拉夫特认为，媒体对国际成员组前往空间站模拟飞行的报道对我们是有益的，因为它用了一种极罕见的诚实，来讲述被一起关在太空的男人和女人之间会产生什么样的感情。他不认同航天局将宇航员都描绘成超人的样子。“就好像他们都没有荷尔蒙，对任何人都没有任何感觉一样。”于是我们又回到公众形象不好和资金短缺的问题上了。真正的危险在于：一个刻意花钱来轻视心理问题的组织怎么可能花大量时间来研究这些问题的解决办法呢。“除非。”就像克拉夫特说的，“有一个宇航员裹着尿布横穿美国①。这时宇航员们突然又变成人类了！”（在宇航员丽莎·诺瓦克与情敌科琳·希普曼发生的不光彩冲突后两天，NASA就下令审查宇航员们心理状况的筛查评估报告。）

更糟的是：宇航员自己也在努力掩藏他们的感情问题，因为担心自己会被淘汰。在执行任务的过程中，宇航员是可以寻求心理学家帮助的，但是他们都不愿意去。“跟心理学家的每一次接触都会在你的飞行记录中得到特别标注。”太空人亚历山大·拉维金告诉我，“所以我们都尽量不去寻求专家的帮助。”拉维金和尤里·罗曼年科一起执行的一次和平号任务曾在彼得·佩萨文托写的一篇《探索》杂志文章里出现过，那篇文章写的是太空旅行对人

---

① 作者注：她到底有没有裹尿布呢？执行逮捕的警官威廉姆·贝克顿在书面证词中写的是，他在丽莎·诺瓦克的汽车中发现了一个垃圾袋，里面有两片用过的尿布。“我问诺瓦克太太为什么车里会有尿布。诺瓦克太太说，她不想半路停下来去上厕所，所以她用尿布来小便。”这就是宇航员会干的事——你在太空行走的时候是不可能跑去上厕所的，所以你要在宇航服里穿上尿布。

后来诺瓦克又否认了裹尿布这件事。现在她的说法是，那些尿布是飓风丽塔袭击休斯敦时，她家人在撤离的时候用的，是两年前的事情了。其实如果我是诺瓦克，我不会去担心那些尿布的。我应该忙着担心他们在车里发现的刀子、铁棍、BB型气枪、手套、橡胶管和其他大垃圾袋去了。我恐怕直接尿裤子了。

们造成的心理影响。佩萨文托表示，“拉维金提前从任务中返回是因为他有人际关系问题以及心律不齐”。（我可是第二天就要去见拉维金和罗曼年科的呀。）

这种事态是很危险的。如果有人马上就要到极限了，地面控制中心的人一定要知道情况。这很重要，可以决定生死。而这一点或许也解释了为什么现在有如此之多的太空心理学实验侧重于检测一个人不打算说出来的压力或抑郁。如果火星500正在测试的技术证明有效，那么航天器——以及其他高压力高风险的工作场所，比如空中交通管制塔台——就会装备上各种麦克风以及摄像头，另一端与自动光学技术和语音识别技术连接起来。这些机器间谍能检测出面部表情及言语模式的各种细微变化，从而发现实情。但愿这样能帮指挥部的人避免危机。

精神病这个恶名同样也对研究心理问题造成了困难。宇航员们都不愿意做研究对象，以免研究人员发现一些有损形象的东西。上次我跟NASA的顾问心理学家帕姆·巴斯金联系的时候，她正要开始一项关于不同的催眠药及其剂量之间比较的试验。他们要将宇航员从沉睡中唤醒，以检查在模拟的午夜紧急情况发生时，药物会对他们的表现有怎样的影响。这件事触到了我的笑点，于是我问她可不可以去参观。“绝对不行。”巴斯金说，“我可是花了整整一年才说服他们来参加这个试验的。”

空间站是一个四肢狭长的奇怪而丑陋的东西，是一个疯子拼出来的巨大的建筑拼装玩具。而和平号核心模组中的生活区——也就是太空人亚历山大·拉维金和尤里·罗曼年科共同生活了6个月的地方——却小得一辆灰狗大巴就能装下。他们睡觉用的舱室长得不像卧室，倒像是电话亭，而且连门也没有。我和翻译琳娜现在在莫斯科宇宙航行纪念馆中的一个仿真模组里，跟我们一起的还有拉维金，这个博物馆现在由他经营。尤里·罗曼年科在路上。我想在这间曾经让他们险些发疯的房间里跟他们聊天应该会很有趣。

拉维金本人跟他的官方半身像有点不一样。半身像里的他让人感觉老实善良快乐。他亲吻了我们的手背，让我们觉得自己像皇室成员。他不是在装样子，也不是在调情，这只是他那个年代的俄罗斯人的做派罢了。他穿着米色的亚麻长裤，喷了古龙水，脚上是我这个星期来在地铁中见过的男人人脚一双的奶白色凉鞋。

拉维金向一个扎着小皮带，穿着牛仔裤，晒成小麦色皮肤，还有太阳镜挂在V形领口的男人挥手致意。这个人就是罗曼年科。他热情友好，但是没有亲我们的手背。嗓音因为抽烟而略有沙哑。接着两个人拥抱，我数着秒数：一个密西西比，两个密西西比，三个。无论他们之间曾发生过什么，现在都已遗忘或原谅。

坐在这个模拟的太空舱中，很容易明白这样大小的一个房间加上那么长的时间是如何让两个人敌对起来的。罗曼年科却指出，并不是只有密闭空间才会让人感觉自己是跟另一个人绑在一起了。“在俄罗斯这里，西伯利亚是一个非常非常大的空间。但是那些要去泰加（森林）待上半年的猎人都会尽量单独行动，除了猎狗谁也不带。”罗曼年科坐在他在和平号上常坐的位子，在控制台的左边。他的座位没有靠背，但是有一根横梁用来钩住双脚。（后来空间站把座位去掉了，因为零重力，没有坐的可能。）“因为如果两三个人一起去的话，一定会起冲突。”

“而且这样的话。”拉维金咧嘴笑了起来，“你最后可以把狗吃掉。”

心理学家用“非理性对抗”来形容把人关在一起6周以上会出现的状况。1961年《航空航天医学》上的一篇论文就给出了一个很好的例子。这个例子来自一个法国人类学家的日记，他跟一个来自哈德森湾的皮毛商一起在北极待了4个月。

> 我第一眼看到吉布森就很喜欢他……他是一个举止沉稳，做事井然有序的人，他对待生命的态度冷静而达观……但是随着冬天将我们包围，我们的世界一周一周地在缩小，最后缩小到只有一个陷阱那么大……我的内心开始狂怒，而他的那些特质……那些在一开始让我钦羡的特质最终开始让我厌恶。终于有一天我只要看到这个人就难以忍受，而实际上他一直对我十分友好。他性格中我曾经喜爱的冷静现在成了懒惰，那种泰然自若在我眼中变成了冷漠。那种对生活小心翼翼的维护成了狂躁的老男人相。我差点杀了他。

同样地，海军上将理查德·伯德也喜欢独自一人去南极洲进行长达一个冬天的气象观测，他宁愿独自面对严酷的环境和终日无尽的黑暗，也不愿意面对——如他在《独自一人》一书中所说——“一个人再也没有不为另一个人所知的地方，哪怕他尚未成型的想法都可以被预料，他最钟爱的观点也成了毫无意义的痴迷，连他吹灭一盏压力灯的方式、他把靴子丢在地上的方式、他吃东西的样子都让人觉得刺眼且烦躁”的时刻。

实际上，他人只是宇宙送给我们的诸多心理折磨之一罢了。诺伯特·克拉夫特总结得很到位。我问过他，他认为做宇航员是世界上最好的工作还是最差的工作。他说：“你不能睡觉，但你还必须表现完美，否则就再也不许上天了。一旦你完成一项任务，地面控制中心马上又给你一个新的指示。厕所臭得不行，周围永远有噪声。你不能开窗，你不能回家，不能跟家人在一起，连放松一下也不行，结果你工资还不高。还有什么工作比这个更差吗？”

拉维金说，1987年在和平号上工作的那段时间比他想象中要难上一百倍。“那工作又脏又累，非常吵，非常热。”他犯了一个多星期的晕动症，却没有药可以吃。他还记得自己在最初几天里转向指挥官，说：“尤里，我们还要在这里待上半年吗？”对此罗曼年科叫着他的昵称回答他说：“萨沙，监狱里的人要待上十年还多啊。”

归根结底，太空是一个令人沮丧的、冷漠无良的地方，而你无处可逃。当你被困的时间足够长时，沮丧就会转为愤怒。而愤怒是需要发泄的出口和对象的。对此宇航员有3个选择：队友、控制中心和自己。宇航员们都尽量不把矛头指向彼此，因为这样只会让情况雪上加霜。这个地方没有门可以摔，也没有路可以飙车。你困在这里了。“而且，”用吉姆·洛维尔的话说，“你的工作充满危险，你们都需要彼此的存在才能活下去。所以你不会想跟人对着干的。”在双子星座七航天器中，洛维尔曾跟弗兰克·伯尔曼一起在同一张双人沙发里待了两个礼拜。

拉维金和罗曼年科说，他们成功避免了冲突是因为两人间有明显的年龄和等级差异。“尤里比我年纪大，对于航天飞行也更有经验。”拉维金说，“所以他自然是领导，是心理上的领头人。我只是跟随他。我也接受这一角色。我们都很冷静。”

这也太难以置信了。“你们从来不会生气吗？”

“当然会。”罗曼年科说，“但主要都是控制中心的错。”看来罗曼年科选择了第二个选项。将沮丧情绪发泄给任务控制中心的工作人员是宇航员一项历史悠久的传统。在心理学圈儿里，这叫作“情感转移”。旧金山加利福尼亚大学的太空心理治疗师尼克·卡纳斯说，在一项任务进行到6个星期前后，宇航员会开始划清界限，不再对他们的队友生气，而是将敌意转移到任务控制中心去。

吉姆·洛维尔在执行双子星座七任务时，似乎将他大部分的情绪都转移到当时任务的营养师身上去了。双子星座七的任务记录单上写着，洛维尔曾对任务控制中心说：“转告强斯医生，看上去就像暴风雪里撒了点牛肉三明治渣一样。300块钱一顿的饭啊！你就不能再做好点！”7个小时之后，他又拿起了麦克风：“再告诉强斯医生：蔬菜鸡肉，编号FC680，口封得太紧了，挤都挤不出来…… 再再告诉强斯医生：刚撕开封口了，现在窗户上都是蔬菜和鸡肉。”

洛维尔的任务时间只有两个星期，不知道是不是狭小的太空舱催化了禁闭给他带来的影响。卡纳斯没有正式研究验证，但他确信基本上航天器越小，宇航员就越焦虑。

或许情感转移理论也能很好地解释为什么茱迪斯·拉皮埃尔对莫斯科生物医学问题研究所和加拿大宇航局的愤怒更甚于对那个俄罗斯指挥官的愤怒。对于那个俄罗斯指挥官的行为，她只是理解为跨文化误解以及“自然的男女状况”。当然，另一个很好的解释就是，她将她的愤怒指向莫斯科生物医学问题研究所是因为他们就是一群“大屁股”。

罗曼年科至今还有一些残留的怨气。“那些给我们布置任务的人，他们完全不知道舱里是怎么一个情况。比方说你正在这里忙”——他转过身去演示和平号控制台的情况——“突然有人给你指示，要你去打开一个别的东西。他们不知道那个东西在另一边呢，我又没办法放下我手中的事到那边去。”（这就是为什么宇航局喜欢找宇航员来做“舱联”——太空舱联络员。）据罗伯特·齐默尔曼的苏维埃空间站史的记载，到任务的最终阶段（拉维金离开后），罗曼年科已经变得无比暴躁，所有与地面沟通的工作只能由他的队友来完成。

亚历山大·拉维金则选择了第三个选项。他自行消化了所有的情绪。结果——那些与隔离、禁闭的人打过交道的心理学家都知道——就是抑郁。晚些时候，等罗曼年科走了以后，拉维金坦言有时候他都想自杀。“我当时都想上吊，但是显然办不到，因为没有重力。”

罗曼年科觉得火星任务一定会出问题。“五百天啊！”他的语气里有明显的恐惧。在拉维金离开后，罗曼年科在和平号又待了4个月。齐默尔曼说，他的情绪日趋不稳，又不肯合作。“时间都用来写诗、写歌”还有锻炼了。我叫琳娜问问他在任务的这一阶段是怎样的情况。早些时候，我告诉过琳娜我很想听听罗曼年科在太空时写的一些歌，而现在琳娜就在问他这个。

“你想让我们唱歌？”罗曼年科大声地笑起来。“那我们起码得先喝上一两威士忌！”我道歉说没带酒。

“我有。”拉维金说，“去我办公室吧。”

现在刚上午11点。不过我又不是杰瑞·里宁哲。

拉维金领着我们穿过博物馆，边走边介绍着。这些就是苏维埃火箭技术的巨人们，每人一个玻璃柜。今天早些时候，我去参观了莫斯科自然历史博物馆，馆里的陈列区是这样分的——不是按分类学，也不是按生态位，而是按人：考察队的野外记录簿、一些珍贵的样本、沙皇颁发的荣誉。火箭工程师则是用随身物品来代表的：笔和腕表、眼镜和烧瓶。

到了办公室，拉维金坐在电脑前找罗曼年科在和平号上写的歌曲录音。他的桌面几乎是空的。一个像跳板一样的附属物从桌子前端伸出来。拉维金站起来打开一个酒柜，拿出一瓶格兰特威士忌，又拿了4个水晶小酒杯放在那个跳板上。原来这是个吧台。在俄罗斯，你可以买到自带吧台的办公桌！

拉维金举起酒杯。“为了……”他想了想英文该怎么说，“为了良好的心理状况干杯！”

我们碰杯，然后喝干了杯中酒。拉维金又给我们倒上。电脑里正放着罗曼年科写的歌，琳娜翻译着歌词：“对不起，地球，我们向你道别……我们的船已飞到天上……但总有一天我们会落入你蓝色的曦光里，如晨星一样。”副歌是：“我要落入草丛，饱吸空气。我要痛饮河水……”曲调朗朗上口，我忍不住在座位上跟着音乐摇摆起来，可是我发现歌词让琳娜有些难过了。“我要亲吻大地，我要拥抱我的朋友……”歌曲结束时，琳娜擦拭着眼泪。

只有在失去大自然的时候，人们才会懂得他们有多想念大自然。我读过一篇文章，讲的是潜水艇里的船员总是喜欢在声呐室里待着，听鲸鱼唱歌，听虾群的声音。潜水艇艇长会给大家“潜望镜自由”——给你机会看一看云朵、鸟儿、海岸线[①]，提醒自己自然世界依旧是存在的。有一个人跟我讲过，他们在南极考察站待了一个冬天后，在新西兰的基督城登陆。他跟他的同伴们有好几天的时间就只是四处逛，满怀敬畏地盯着花草树木看。有一次，有个人看到一个女人推着一辆婴儿车。“小宝宝！”他喊了起来，然后所有人都跟着冲到马路对面去围观。那个女人掉转婴儿车就跑了。

没有哪个地方比太空更荒凉，更非自然了。即使是一点也不爱园艺的宇航员，到了太空之后也会在做实验用的温室里待上几个小时。“我们爱这些花花草草。”太空人弗拉季・沃尔科夫说。他曾和一株小亚麻树[②]一起被关在礼炮一号，即苏联的第一个空间站里。在环轨道旋转的时候，至少你还可以望向窗外，看到下面的自

---

① 作者注：同时也是为了防止他们视力下降。当你的视线最远也只能到几米的时候，用来挤压晶状体以对焦近处景物的肌肉最终会锁定在一个短暂的“调节痉挛”。潜水艇致近视是艇上船员面临的问题之一，他们在执行过长期任务上岸后 1~3 天都禁止开车——这是出于多方因素的考虑。

② 作者注：如果带上太空的植物可供食用，那么就会有冲突。宇航员想念新鲜的食物就像他们想念自然一样。太空人瓦伦丁・列别杰夫的日记中写道这样一件事。礼炮号上带了一批洋葱头，作为零重力下植物生长状况实验的一部分。“我们在从供给舱卸货的时候发现了一些黑面包，还有一把刀子。于是我们吃了点面包，接着我们看到了要我们栽种的洋葱头。我们当即就把它们都吃了，就着面包和盐，味道好极了。然后过了一段时间，生物学家们问我们：‘那些洋葱怎么样了？’”

“‘长着呢。’我们说……”

“‘发芽了吗？’我们毫不犹豫地回答说发芽了。于是通信站里一片欢腾。原来洋葱从来没有在太空里发过芽！于是我们要求跟带头的生物学家单独讲话。‘看在上帝的份上。’我们告诉他，‘千万别生气，我们把你们的洋葱给吃了。’”

然世界。可是在火星任务中，一旦宇航员看不到地球，窗外就再没什么好看的了。“永远阳光普照，所以连星星也看不见。”宇航员安迪·托马斯告诉我，“你能看到的只有一片漆黑。”

人类不属于太空。我们所有的一切都是进化得来以适应地球生活的。失重诚然新鲜且让人激动，但是漂浮一段时间后，人们很快就会开始想要能走路。拉维金告诉我们：“只有在太空你才能明白简单的走路是一种多大的快乐。单纯在地球上走路就好。”

罗曼年科则想念地球上的气味。“你能想象在门窗紧闭的车里待上哪怕一个礼拜会怎样吗？金属的气味，油漆、橡胶的气味。女生给我们写信的时候，她们会在信纸上洒法国香水。我们爱死这些信了。如果在睡前能闻闻女生写来的信，你整晚都会有好梦。”罗曼年科喝干了杯中的威士忌然后告退。他拥抱了拉维金，又跟我们握了握手。

我试着想象NASA把一麻袋一麻袋的情书塞进补给车的情形。拉维金说这是真的。“苏联各地的女孩子都在给我们写信。”

“为女孩子们干杯！”我说。于是大家举杯。

“你真的会感觉到自己缺少一个女人的。”拉维金告诉我们。罗曼年科走了之后，他讲话更放松了：“作为补充，会开始做春梦，并且贯穿整个飞行任务。我们甚至讨论过我们是不是能从成人用品店里带点什么去太空。莫斯科生物医学问题研究所正式研究过的。”

我转向琳娜。他指的是什么？“人造阴道吗？”

“vagine？”琳娜问。于是引发了一场讨论。然后琳娜转向我：“实体模型。”

于是拉维金开始讲英语，有时觉得翻译不够好的时候他也讲过一点英语："橡胶女人。"原来是充气娃娃。然后他说，地面控制中心否决了这个提议。"他们说：'如果你要干这个的话，我们还得把它放进你一天工作的日程表里。'"

"我们有这么个玩笑。你知道我们的食物都是放在管子里的。"我确实知道。这家博物馆的礼品店里就有卖管装太空罗宋汤的。"管子有黑有白，白管子上写着金发美女，黑管子上写着棕发美女。

"但是请一定要知道，与性有关的事情还远远算不上太空中主要考虑的问题。性在单子上排得非常靠后，大概在这里。"他用手比画着他膝盖的高度。"这只是一个不错的附属品。但是如果要待上五百天的话，它就变得很现实了，这个问题的排名就开始上升了。"他认为去火星的成员组应该是一对对的夫妻，以缓解长期任务带来的紧张感。据诺伯特·克拉夫特说，NASA考虑过将已婚夫妇送上太空。他们问他对此怎么看时，他劝阻了他们。他的理由是，这样一来宇航员可能会面临两难的选择：要么牺牲他的伴侣，要么牺牲这次任务。宇航员安迪·托马斯娶了宇航员香农·沃克，他告诉了我NASA避免将已婚夫妇送上太空的另外一个原因。万一有坠毁或者爆炸的情况发生，他们不希望一个家庭同时失去两名成员，特别是在这对夫妇有孩子的情况下。

拉维金认真地听着，然后修正了他的观点："不一定要结了婚的。"

"没错。"琳娜说，"这就会有道德上面的问题。当你回到地球的时候，你妻子应该理解，那段时间就像是在另一个时空里，有不同的规则和不同的你自己。”

拉维金笑了。“我妻子是个聪明人，她会理解的。她会说：‘你就算在地球上也不是那么忠诚的一个人，在太空也就这样吧。’”

克拉夫特会同意的。他告诉我，他提倡将非一夫一妻制的情侣送上火星，同性恋和异性恋都可以。“（太空机构）对此应该更加自由，更加开放。让他们混搭或者随便怎样。”安迪·托马斯觉得在火星任务中这种情况会自然发生的——就像在南极一样。“在南极，人们配对建立性关系是很普遍的事情。这种关系只维持到任务结束——这种吸引力只是用来支持他们度过这段时间。这一季结束时一切玩完。”

曾有长达17年的时间，只有男人可以去南极科考站工作。借口是，女人就意味着麻烦：分心、乱交、嫉妒。直到1974年，麦克默多站的越冬人员里才首次出现了女人。其中一名是一个50多岁的老处女生物学家，照片中的她高领毛衣外面戴着一个金十字架。另一名则是个修女。

现在，美国南极科考员队伍中有三分之一是女性。人们普遍认为她们提高了生产力，并且稳定了人员情绪。用拉尔夫·哈维的话说，男女混合的队伍是“正弦曲线最高点”。这种队伍里打架现象和跟放屁有关的笑话都少多了。也“没有人因为搬的箱子太重而伤到后背”。诺伯特·克拉夫特给我讲了他在NASA的艾姆斯中心做的一个关于集体协作的研究。他将全男组、全女组和男女混合组进行比较，结果男女混合组表现得最好。（表现最差的是全女组，“闲话太多了。”克拉夫特勇敢地说。）

拉维金：“你能想象6个男人在去火星的途中会发生什么吗？”

“我知道。”我说。虽然我不太确定我们两个想的到底是不是同一幅场景。“看看监狱里发生的事就知道了。”

“还有潜水艇里。还有在野外的地理学家。”

我做了个笔记，打算拿这件事去问问拉尔夫·哈维。拉维金则迅速地补充说，他不记得有任何关于俄罗斯太空人中发生“男男相恋”的事情[①]。最后，最不会产生问题的火星探测组很可能是宇航员迈克·科林斯在回忆录中（开玩笑）说的：“一队太监。”

第一间航空隔离舱里只有一个人。水星计划和东方号的心理治疗师并不担心宇航员间的相处问题；因为一次飞行只有几个小时，最多几天就结束了，而且宇航员都是单飞的。他们担心的问题是太空本身。一个人独自待在寂静的、黑暗的、无尽的真空里会发生些什么？为了找出答案，他们试着在地球上模拟太空。赖特-帕特森空军基地航空医学研究室的研究员们将一个6英尺×10英尺的商用步入式冷柜做了隔音，在里面放了一张小床、一些零食、一个搪瓷尿壶，然后关上灯。在这个冷柜里为期3个小时的隔离就成了水星计划宇航员的资格测试内容之一了。我读过的一份报告里说，想成为水星计划宇航员的人中，一名叫作露丝·尼科尔斯的将这项隔离测试描述为选手们参加过的最难熬的测试。有些男性

---

① 作者注：尤里·加加林爱着苏维埃火箭技术大师谢尔盖·科罗廖夫，虽然不是像太空食物管道那种方式的爱。加加林死于战斗机坠毁后，人们发现了他的钱包，钱包里只有一张照片（现在那张照片就陈列在星城博物馆里，摆在那个已经撕烂了的钱包旁边）。照片上的人就是科罗廖夫——不是加加林的妻子或孩子，也不是他深爱的母亲。甚至不是吉娜·罗洛布里吉达。“她吻过他的！”我们热情洋溢的博物馆向导依莲娜一边说，一边用一个塑料小风扇吹着风，仿佛她被这个想法战胜了似的。

飞行员，尼科尔斯说，仅仅过了几个小时就“表现得非常暴力”。

丹·福格翰姆上校当时是赖特–帕特森各项测试的负责人。他不记得在隔离测试中有哪个水星计划的参选人表现得特别暴力或者有其他形式的“失控”。在他印象中，选手们都趁机补充睡眠了。

研究员们很快就开始意识到用剥夺感觉来模仿太空之旅很拙劣。太空的确很黑，但是日照充足，而且太空舱里也会亮着灯。大多数情况下无线电通信都是可用的。幽闭恐怖症和孤独才是更显著的问题，特别是任务时间较长的时候。这也是为什么在1958年，一名叫作唐纳德·法雷尔的来自布朗克斯的空军士兵在一个单人模拟太空舱中参加了一项为期两周的模拟月球探测任务，地点在得克萨斯州布鲁克斯空军基地的航空医学校。《时代》杂志的一篇文章说他（可惜丢失已久）的日记一天比一天下流，而在报纸采访中，他抱怨的却只是想念雪茄和忘了带梳子而已。法雷尔面临的最艰难的事，人们普遍认为，就是模拟器里一天到晚放着《爱是多么奇妙》[1]以及其他“轻音乐”的录音。

现在回想起来，认为太空旅行的经历可以在一个改装过的步入式冷柜中得到模仿是很傻的想法。

如果想知道一个人独自在太空中究竟会发生些什么，有时你只要丢一个人上去就好。

---

① 译者注：Love Is a Many-Splendored Thing. 演唱者 Ray Conniff。

第 3 章　星级疯狂

太空能让你兴奋异常吗？

在莫斯科大道旁边的一块草坪上有一个两层楼高的台座，台座上立着尤里·加加林的雕像。从他手臂的造型，隔着一段距离你就能看出来是他——他的两只手离开身体两侧，手指并拢，看上去就像一个正在飞翔的超级英雄。从他纪念雕像的底座看上去，你看不到这个太空第一人的脑袋，只能看到他那壮硕的胸膛和伸出胸膛的鼻尖。然后我的注意力转移到了一个穿黑色衬衫，腋下夹着一瓶百事可乐的男人身上。他的头低下去，我以为他在表示尊敬，后来发现原来他只是在剪指甲。

姑且不谈民族的荣耀，加加林在1961年的太空飞行还是一次心理学上的重大成就。他的任务很简单，虽然怎么看也不算容易：爬进太空舱，猛地被推送出去，独自一人面临千难万险，越过太空的界限。被弹射到一个没有空气的、致命的、从来没人去过的虚空中。绕着地球搅和搅和，然后再回来，告诉我们这一趟下来都有什么感觉。

关于突破宇宙的独特心理影响，当时有着各种推测——既有来自苏联宇航局的，也有来自NASA的。飞驰进“漆黑”——这是飞行员们以前的叫法——会让宇航员兴奋异常吗？来听听心理治疗师尤金·布罗迪的不祥预感吧，这是他在1959年的航空精神病学研讨会上说的：“带着人类所有无意识的象征意义离开地球，……理论上可能至少……——即使对一个百里挑一训练有素的飞行员来说——也会导致类似于精神分裂症的恐慌现象。”

有人担心加加林会精神失常，从而破坏这一历史性的任务。这种担心直接导致当权者在发射前锁住了东方号太空舱的手动控制板。那万一出了岔子，联系中断，而飞行员兼一号太空人加加林需要手动控制太空舱可怎么办呢？他的上司也想到了这点，而且看上去好像是向游戏节目主持人请教了对策。他们给了加加林一个密封的信封，里面是解锁密码。

这些担忧其实也不算太蠢。1957年4月的《航空医学》杂志上发表的一份研究采访了137位飞行员，其中有35位表示，在独自飞行到高海拔时，几乎总会有一种超脱地球的奇怪感觉。“感觉好像我打破了地球界限的束缚。”一名飞行员说。这一现象非常普遍，于是心理学家们给它取了个名字：挣脱现象。这些飞行员中大部分都认为这种感觉不是一种恐慌，而是极度兴奋。在137个人中，只有18个人将他们的感受定义为恐惧或焦虑。“那种感觉是如此平和，好像你在另一个世界一样。”“我感觉自己像个巨人。”“像个国王。”另一个人说。有3个人表示他们感觉自己更接近上帝了。一名叫作马尔·罗斯的飞行员在20世纪50年代创造了一系列的飞行高度纪录，他曾两次报告说自己产生了一种怪异的“兴高采烈的感觉，想要一直一直飞下去”。

《航空医学》上的这篇文章发表的那年，乔·基廷格上校乘着一个垂直吊在氦气球下面的，电话亭大小的密闭飞行舱上升到了96 000英尺的高度。在他携带的氧气含量低得危险的时候，基廷格的上司大卫·西蒙斯命令他开始下降。“来抓我啊”，基廷格用摩尔斯电码一个字一个字地回复说。基廷格后来说他是在开玩笑，但是西蒙斯不这么认为。（摩尔斯电码总归不太像是开玩笑的最佳媒介。）在他的回忆录《高人》中，西蒙斯回忆说，他当时觉得“奇怪的不为人了解的挣脱现象可能控制了基廷格的头脑，……他……被这种怪异的幻觉控制住了，拼命想要一直飞下去而不计后果。”

西蒙斯将挣脱现象同“致命的深水销魂”进行了比较。“深水销魂”是一种医学疾病——一种能夺去潜水员生命的冷静而刀枪不入的幻觉，通常发生在潜水到100英尺以下时。这种现象被平淡无奇地称为氮麻醉，或者马提尼效应（在65英尺后每下潜33英尺相当于喝了一杯马提尼）。西蒙斯推测，迟早有一天航天医生会开始讨论一种“叫作致命的太空销魂”的现象。①

他是对的。虽然NASA最后选择的是不太华丽的“太空欣快症”这个名字。宇航员吉恩·赛尔南在他的回忆录中写道：“NASA的一些心理学家警告过我，在低头看到地球快速旋转的时候，我可能会被太空欣快症所淹没。”当时赛尔南即将在双子星座九飞行任务中进行人类有史以来的第三次太空行走。心理学家们都很紧张，因为前两名进行太空行走的宇航员都表示，他们不止有奇怪的愉悦感，还有一种让人担忧的不愿意回到太空舱的感觉。“我感觉好极了，情绪十分高涨，不愿意离开自由的太空。”阿列克谢·列昂诺夫写道，他在1965年成为第一位在宇宙真空中自由漂浮的人类，仅有一根空气管与上升号太空舱相连。“按说在一个

---

① 作者注：每种运动方式都有自己独特的精神反常现象。爱斯基摩猎人独自在静止的、玻璃般的水面上行驶时，有时会突然患上“皮艇焦虑”——一种船被淹没，或者船头下沉，或船头抬高离开水面的幻觉。与此相关的还有：《西格陵兰爱斯基摩人皮艇焦虑初步研究报告》中提到一个关于爱斯基摩人自杀动机和注解的讨论，里面说接受调查的爱斯基摩人里，每50个自杀的人中就有4个是“认为自己由于年纪大而毫无用处”的老人。却没有提到他们会不会像你有时听说的那样，将自己抛到浮冰上漂流，或者在浮冰上漂流是不是也有自己独特的恐慌症状。

人独自面对宇宙深渊时，应该有一道难以克服的所谓的心理障碍。但是我完全没感到任何障碍，甚至忘记了理论上应该有那么个障碍的。”

在NASA的首次太空行走进行到4分钟的时候，双子星座四号的宇航员艾德·怀特夸张地说这种感觉“就像100万美元”。他搜肠刮肚地寻找合适的词语。“我…… 反正这种感觉棒极了。”任务记录上有那么几段读起来就像是20世纪70年代的会谈心理治疗小组笔记。以下是怀特和他的指挥官詹姆斯·麦克迪维特——两个空军出身的人——在太空行走结束后的对话：

> 怀特：那真是最自然的感觉了，吉姆。
>
> 麦克迪维特：……你看上去就像在母亲的子宫中一样。

NASA担心的不是他们的宇航员太兴奋，而是欣快症可能会压制正确的决策力。在怀特长达20分钟的极乐中，任务控制中心多次试图插入。最终太空舱联络员格斯·格里索姆联系上了麦克迪维特。

> 格里索姆：双子星座四号，回到舱内！
>
> 麦克迪维特：他们让你现在回来。
>
> 怀特：回来？
>
> 麦克迪维特：回来。
>
> 格里索姆：罗杰，我们这里一直在试图跟你讲话。

怀特：哦，头儿，让我再（拍）几张照片吧。

麦克迪维特：不行。回来。快点。

怀特：……听着，你要不就别管我了，不过我这就来了。

但是他没来。又过了两分钟。麦克迪维特开始恳求了。

麦克迪维特：进来吧……

怀特：说实话，我想再拍张更好的照片。

麦克迪维特：不行。快回来。

怀特：我现在在给航天器拍照了。

麦克迪维特：艾德，给我回来！

又过了一分钟，怀特才向着舱门移动了一下，一边说着："这真是我人生中最伤心的一刻了。"

但是作为宇航局来说，与其担心宇航员们不想回到舱内，还不如担心他们会回不来。怀特当时花了25分钟才回到舱门并安全进入航天器。会让他精神状态变得更糟的是——想到他可能会用光氧气或者由于其他原因昏迷过去。麦克迪维特这边的指示是，一旦发生这种情况，马上切断他，不要冒着生命危险去试图将怀特拽进舱门。

据说阿列克谢·列昂诺夫在一场类似的挣扎中出了足足有12磅（1磅≈0.4 536千克）的汗。他的宇航服已经受压膨胀到他没办法弯膝盖的程度，于是只好头先进入舱门，而不是像平时训练的那样脚先进去。他在试图关上身后的舱门时卡住了，于是只好降低宇航服的压力来帮自己进门——这一做法可能会致命的，就像潜水员下潜过快一样。

NASA历史办公室的报告中有一则很有趣的与冷战有关的细节：据称，当时列昂诺夫是带着自杀药片去执行任务的，这样万一他回不到太空舱，他的队友帕维尔·别利亚耶夫将被迫“把他留在轨道上”。但是鉴于死于氰化物——常跟自杀药片联系在一起的毒药——的速度还不如直接切断这个人的氧气供给来得快，这药片应该不大用得上。（脑细胞缺氧死亡会让人产生欣快症以及：宏伟的勃起。）

太空生理学专家乔恩·克拉克告诉我，有关自杀药片的故事很可能是假的。我给他发邮件的时候他正在国家太空生物医学研究所的办公室里，我问他在太空服里嗑药的工作流程应该是怎样的，我想不明白。[1]于是他去问了一圈。他的俄罗斯线人同样推翻了另一则流言，那则流言的内容是如果列昂诺夫回不来的话，别利亚耶夫要开枪打死他。而实际上这条指令是在列昂诺夫和别利亚耶夫降落的时候发出的，他们失去控制，降落在一群潜伏的狼群的领地里，于是他们加上了这一条，至少在某段时间内，给这个太空人的荒野生存装备里加上了一颗轻如鸿毛的子弹。

---

① 作者注：因为如果要在宇航服里吃药的话，头盔上应该有一个小夹子用来放药片才对，就像现在的头盔内零食条一样。零食条的原料跟水果卷一样，位置则是固定的，这样宇航员们只要低下头就能咬上一口。或者如宇航员克里斯·哈德菲尔德告诉我的，只要低下头就能抹一脸。水果条旁边就是饮料管，而饮料管有时候是会漏一点出来的，这样水果条就变得“黏糊糊湿答答的”。“我们索性不吃了。”哈德菲尔德说。

继艾德·怀特的太空行走后，关于太空欣快症的报告就很少见了，于是很快心理学家们就不再担心这件事。因为他们又有新的事情去担心了："舱外活动恐高症"（舱外活动即太空行走。[1]）看到地球在你下方约200英里（1英里≈1.61千米）的地方快速旋转会让你吓得全身无力。水星计划的宇航员杰瑞·里宁哲在他的回忆录中写道了这种"令人恐惧的持续性的"感觉，他感到自己正在"向着地球速降……速度比他在跳伞时自由落体的降落速度还要快几十倍乃至上百倍"。而实际也确实如此。（当然差别在于宇航员落入的是一个环绕地球的大圆圈，不会碰到地面。）

里宁哲在记录他身处"和平号"50英尺长的伸缩臂尽头那惊慌失措的时刻时写道："我惊恐万分，紧紧抓着扶手……强迫自己睁着眼睛，不要尖叫。"汉胜[2]的一名宇航服工程师曾给我讲过这样一个故事：一位不知名的宇航员在太空行走时走出舱门，然后扭头就用裹着宇航服的手臂抱住了同事的腿。

查尔斯·奥曼是国家太空生物医学研究所的一名太空晕动症及眩晕症专家，他指出舱外活动恐高症实际上不是一种恐惧症，而是对于以17 500英里/时的速度从太空落下这一陌生的、恐怖的认知现实的正常反应。尽管如此，宇航员们还是很不愿意说出来。"他们不肯报告是一个很大的问题。"奥曼说。

宇航员们训练太空行走的方式是：穿着他们的舱外活动宇航服，漂浮在一个硕大的室内游泳池里练习他们的动作。这个游泳

---

① 译者注：舱外活动即 extravehicular activity，缩写为 EVA。
② 译者注：Hamilton Sundstrand，一家生产及供应航空和工业产品的跨国公司。

池叫作中性浮力舱。漂浮在水中和漂浮在太空里实际上并不完全一样，不过作为执行任务和对太空舱外环境的熟悉训练来说，也算是一个差强人意的模拟了。（国际空间站外部零件的实体模型就像沉船一般躺在休斯敦这个池子的水底。）但是这种训练对于舱外活动恐高症完全没有预防作用。虚拟现实的训练可能有一定程度的作用，但是最终，你没办法有效地“模拟”在太空中自由落体的感觉。如果你想稍微体会一下这种感觉，就去爬电线杆吧（最好还是绑着安全带爬），爬到顶之后试试站在杆顶那巴掌大小的平面上是什么感觉——其实自强不息的研讨会成员和想进电话公司的工人偶尔就会做这种事。“电话公司在第一个星期里会失去差不多三分之一的培训者。”奥曼说。

如今，心理学家已经将注意力转向了火星。挣脱现象似乎也改头换面，变成了“不见地球现象”：

> 在人类历史上，从来没有人经历过这样的状况，地球母亲以及和她相关的所有的支持和安慰……都被削减到只剩下无足轻重的天空。……看上去这很有可能引发某种内在的挣脱地球的状况。这样的状况可能会导致个人各种适应不良反应、自杀倾向，甚至诸如幻觉和妄想之类的精神病症状。此外，还可能出现与正常的（与地球相连的）系统部分不同或完全不同的价值观或行为模式。

这段话出自《太空心理学和精神病学》一书。我将这段话大声读给太空人谢尔盖·克里卡列夫听。克里卡列夫是执行过6次任务的老兵了，现在是星城尤里加加林太空人训练中心的负责人。星城就在莫斯科郊外，这里是太空人和其他俄罗斯航空专家以及他们家庭工作和生活的地方。

克里卡列夫不是那种会嗤之以鼻的人，但他的反应还是挺不屑的："心理学家只是为了凑论文罢了。"他告诉我，在火车刚发明的时候，有人担心看着车窗外的树木和田野迅速掠过视线会让人发疯。"于是有人建议在铁路两端建起篱笆，不然乘客们都要神经了。除了心理学家，谁也没说过这种话。"

每隔一段时间，你就会碰到一个讲述只有在太空中才会产生的特殊焦虑的宇航员。这不是恐惧（虽然恐天象症，即对太空和星星的恐惧症确实存在。①）更多的是一种心智上的恐慌，一种认知超负荷状态。"只要想想天上有亿万个星系我就无法承受。"杰瑞·里宁哲写道，"所以我尽量不在睡前想这件事，不然我会太过兴奋或者太过激动或者太过别的什么东西，总之体系太过庞大而无法入睡。"你看着这句话，会觉得他在写的时候就有点激动了。

太空人维塔利·州洛波夫描述过这样一种感觉，他在苏维埃礼炮五号空间站上望着一颗星星时，陷入了一种突然而又是本能驱使的念头，觉得太空是一个"无底深渊"，要到达那颗星星可能要花上好几千年。"而这还不是我们世界的尽头。一个人可以一直不停地去更远的地方，这趟旅程无边无际。我当时就震惊了，感觉好像有东西沿着我的脊椎往上爬一样。"这次发生于1976年的任务

---

① 作者注：一家关于恐惧症的自助式网站贴心地安慰那些被吓到的人说："如果你没有太空旅行的计划……恐天象症对你的生活应该不会有太大影响。"

后来提前结束了，原因被一篇太空历史期刊文章描述为“心理/人际关系问题”。

州洛波夫住在乌克兰，而我那不屈不挠的俄罗斯口译员琳娜一直找到了他的队友鲍里斯·沃里诺夫。沃里诺夫现在已经75岁了，住在星城。琳娜打电话给他，看他是不是愿意一起聊聊。那通电话很短，因为交谈中出现了心理/人际关系问题。

“我干吗要跟她讲话?”沃里诺夫说，“让她利用我卖一堆书赚一堆钱吗?她是来压榨我的，就像压榨奶牛一样。”

“那很抱歉打扰您了，鲍里斯。”琳娜说。

沃里诺夫停顿了一下说:“到了给我打电话。”

我们想见的太空人沃里诺夫买东西去了。于是琳娜和我跟他约在星城市场楼上的一家餐厅见面，他要来这里买点东西去见他的孙子。从我们这张桌子穿过餐厅的游廊望出去，可以看见高耸的公寓楼和培训设施。星城的面积只有1.5平方英里(1平方千米=0.3 861平方英里)，所以实际上更像是一个小镇而不是城市。(“布满星星的镇区”这样的翻译虽然难听了点，但是比较接近现实。)这里有一家医院、几所学校、一家银行，但是没有路。开裂的沥青人行道和土路穿过开满野花的田野和松桦林，连接着这里的建筑。护照管理处有股锅汤的味道。庭院里和走廊上有巨大的苏维埃时代的雕像，墙上是航天主题的壁画和马赛克图案。我觉得这些东西很有魅力，但是那些因为需要搭乘联盟号太空舱从国际空间站返回而在这里训练过的美国宇航员通常则不这么认为。与魅力并存的还有荒废。这里的台阶破旧而缺损；食品杂货店外墙上的墙皮一块块剥落了下来，仿佛被去了壳似的。我打算去洗手间的时候，一名员工追着我跑过来，手里挥舞着一团皱巴巴的粉色卫生纸，因为卫生间里没有纸巾自供机。

我隔着一排挺直的立柱发现了沃里诺夫。他长着宽阔的苏联人的肩膀以及一头引人注目的浓密头发。他走路的姿势跟一般的65岁的老头都不一样，大步流星，身体有意识地微微向前倾着，动作里透着坚定（还带着刚买的东西）。他别上了他的奖章。（完成任务时，宇航员会被授予苏联英雄的星形奖章。）等下他就会告诉我，他曾被从他的第一次飞行任务中踢了出来，因为国家发现他母亲是犹太人。虽然他是跟尤里·加加林一起接受的训练，但是直到1969年国家才允许他上天。

沃里诺夫点了柠檬茶。琳娜告诉他我对礼炮五号很感兴趣——当时都发生了什么？为什么他跟州洛波夫提前回来了？

“在任务的第42天。”沃里诺夫开始讲了，“发生了一个意外。电源关掉了，没有灯光，一切都停止了，所有的引擎，所有的泵都停止工作了。窗外也没有光照进来，还有失重。我们不知道哪里是地板哪里是天花板还是墙。没有新的氧气进来，所以你只能靠船上的那一点氧气。地面没人能听到我们，我们也跟他们没有任何联系。问题太多了。头发就像这样。”琳娜用两只手把头发向上拉，演示着当时的样子。“我们该干什么呢？最后我们终于开始飘过发射台，能跟地面讲话了。他们告诉我们……”想到这里，沃里诺夫笑了起来，“他们告诉我们翻开说明书第几页。这当然没用。我们最后花了一个半小时，用自己的头脑和双手复原了太空舱。

“自那以后，维塔利就再也睡不着了。他开始头痛，痛得特别厉害，压力太大了。我们把所有的药都吃光了，而地面上人们也很担心他，他们命令我们回来。”沃里诺夫说他一个人不眠不休地工作了36个小时来准备降落模组。看上去好像州洛波夫已经崩溃了。

下午晚些时候，琳娜和我跟这两位太空人的心理学家罗斯蒂斯洛夫·保格达舍维斯基一起在松树林散了散步。他已经在星城待了47年了。他跟我说的话大多很抽象而隐讳。我的笔记上写的都是诸如“人类社会人际关系动态结构的自我组织”之类的东西。但是他对沃里诺夫和州洛波夫事件的评价却简单明了。“他们工作过度，累坏了。人类有机体是专为紧张和放松，工作和睡眠而建造的。生命的规则在于有张有弛。我们哪个人能连续工作72个小时啊？是人把他们折腾病了。”

无论沃里诺夫还是州洛波夫都没有提到礼炮五号上有人际关系问题。就算有，也只能说这次任务似乎让这两个人更亲近了，就像灾难和濒死会让人更亲近一样。沃里诺夫还记得当救援直升机靠近他们的时候，“维塔利先听到了。他对我说：‘鲍里斯，这个世界上有人是你的亲属是因为他们跟你有血缘关系，但是也有人是你的亲属是因为你们共同做过的事情。现在你的兄弟姐妹都比不上我离你更近。我们着陆了。我们还活着。生命就是我们的礼物。’”

沃里诺夫听说琳娜和我去过星城博物馆，他告诉我们在后来的一次任务里，他返回地球时所乘坐的联盟号太空舱跟那里陈列的太空舱一模一样。“那里现在也还装得下我。”他说。我试着想象了一下——沃里诺夫穿着西装，把自己塞进联盟号胎盘般封闭的座位里。

他自己的太空舱联盟五号没有展出，因为它已经严重损坏了。联盟五号没能正确地跟联盟号航天飞机的其他部分分离，于是开始掉落，大头朝上重新落人大气层。当时舱内只有沃里诺夫一个人，他被弹来弹去，“像个乒乓球一样”。由于太空舱只有一侧是加了隔热层的，所以外部整个都烧焦了，而内部也开始越来越热，舱门密封处的橡胶都着火了。“你都能看到高温造成的大气球。”

“气球？”

琳娜又跟沃里诺夫咨询了一下，然后转向我：“在明火上烤土豆的时候，你能看到土豆上也会有这个东西。是叫泡沫吗？还是气泡？”

“水疱！”

“对，对，对。水疱。”

沃里诺夫等着我们说完。“我的宇宙飞船看上去就跟那土豆差不多。”他说当时发出的声音就像火车一样。“我以为脚下的地板要裂开了，可是我都没穿宇航服；太空舱里没地方放宇航服。我想着，‘就这儿了。我就死在这儿了。’”如果那个太空舱最终没能挣脱并稳定在合适的降落姿态上，沃里诺夫就死了。

“直升机来的时候，我问救援人员：‘我的头发白了吗？’”

对于那些第一批飞上太空的人以及那些负责让他们活下来的人来说，心理健康在他们担心的问题中排名非常靠后。其他需要担心的问题太多了。

这时，这位苏联的英雄从他的口袋里拿出一把梳子。他举起双臂又放下，就像一名准备开始演奏序曲的指挥一样。他将梳子穿过他那头极好的头发（顺便说一下直升机来的时候他头发没白，不过现在白了），然后弯下腰去拿起他刚买的东西。“现在我得跑路了，有人等着我呢。”

第 4 章　您先请

无重力环境下生命令人担忧的前景

世界上第一架火箭是由纳粹制造的，目的是不离基地也能运炸弹。虽然对火箭的鼓吹甚嚣尘上，但归根结底它不过是一种运输方式罢了——将东西运得又快又远就好。那架火箭叫作V-2，而火箭的第一批“乘客”就是那些二战中落入伦敦和其他同盟国城市的邪恶弹雨。

第二批则是阿尔伯特。

阿尔伯特是一只9磅重穿着薄纱尿布的恒河猴。早在1948年——这个世界还要再过10年才会知道尤里·加加林或者约翰·格伦或者太空黑猩猩哈姆——阿尔伯特就成了第一位被火箭送进太空的生物。当时，美国掌握了满满300节车厢的V-2火箭部件作为战利品，大体上这些部件不过是将军们的玩物罢了，但是它们勾起了屈指可数的几位科学家和梦想家的想象，与下落相比，他们对上升更感兴趣。

大卫·西蒙斯就是其中之一。在他的口述历史中，西蒙斯描述了他与他的老板詹姆斯·亨利在靠近新墨西哥州白沙试验场霍洛曼空军基地航空医学研究室的一次对话。这次对话带着典型的四十年代风味，那是一个人们习惯把“为什么……”以及“天……”放在句首的时代。

亨利博士首先开始：“大卫，你觉得人到底有没有可能登上月球呢？”我想象他穿着白大褂，用一支2号铅笔的橡皮头顶着下巴，深思状。

西蒙斯毫不犹豫地回答道：“为什么，当然可能。我们只要做好工程设计，花点时间来解决问题……”

亨利打断了他：“那么，如果给你个机会帮我们把一只猴子放进V-2火箭并将其暴露在失重环境下大约两分钟，来测量失重对它的身体机能产生哪些影响，你会怎么看呢？”这个问题很长。

“哦！真是机会难得啊！我们什么时候开始？”

这一时刻——至少在我看来——标志着美国太空探索的滥觞。它饱含书呆子的兴奋与焦虑：将一个人发射到已知世界的边缘，任何未知状况都可能发生。在太空这个环境里，还没有任何地球上的人或物曾经演化过，或者就当时的科学家所知，还没有谁活着回来过。

亨利让西蒙斯负责阿尔伯特计划。我正在看一本关于这个计划的配有插图的书。这是固定到位准备发射的V-2火箭，它有50多英尺高。这是阿尔伯特，长着恒河猴特有的络腮胡，洋娃娃般精致的眼睑下垂。下面一张是阿尔伯特被绑在一个小担架上，准备滑进一个临时的铝制太空舱，这个太空舱会放进弹头应该在的位置，即火箭头里。你看不到扶着阿尔伯特的那个人的脸，你只能看到他的中段：他那卡其裤子的门襟，还有忒短了点的衬衫袖口。他的指甲很脏。这是他的结婚戒指。他的妻子会怎么想？他在想些什么？他没有突然觉得这件事很奇怪吗——这架高大的火箭，世界上第一颗弹道导弹，里面装的不是别的，而是一只磕了药的猴子？

可能没有吧。当时的航空航天专家们都在为逃离地球引力的掌心这一强烈预感而兴奋不已。万一人类器官需要引力来运作呢？万一他的心脏没办法将血液输送到血管里，而只能搅和搅和了事呢？万一他的眼球改变了形状，结果影响了他视力的精确度呢？如果他在自己身上切一个口子，血液还会凝固吗？他们担心欣快症、担心心力衰竭、担心衰弱性肌肉痉挛；有些人还担心如果没有了引力，飘浮的内耳骨传递的信号及其他与身体姿势相关的信息会丢失或颠倒，这可能会导致恐慌，而恐慌会——用航空航天医学先驱奥多·高尔和亨兹·哈伯的话说："严重影响自发性神经功能，并最终产生一种十分严重的衡错感乃至完全缺乏行为能力。"我去网络字典上查了查衡错这个词。字典说："您要找的是不是张衡错？"

要想知道答案，唯一的办法就是送一名"模拟飞行员"上去——把一只动物放进V-2的火箭头里发射出去。上一次类似的尝试是在1783年。那时的实验员是约瑟夫·孟戈菲和艾蒂安·孟戈菲，热气球的发明者。那次实验就像儿童读物里的故事一样：一只鸭子、一只绵羊和一只公鸡坐在美丽的气球下面，在一个夏日的午后飞过凡尔赛上空。他们飘过国王的宫殿，飘过宫殿的庭院，院子里满是挥手欢呼的人们。实际上，那是对于生物体升入高海拔1 500英尺的一次设计精巧，控制得当的探索。鸭子负责控制，因为鸭子已经习惯了这种高度，孟戈菲兄弟推测任何可能发生的伤害应该都是来自于其他东西，而不会是高海拔。气球在航行了两英里后平稳着陆。"动物们都很好。"艾蒂安·孟戈菲德的飞行记录上写着，"绵羊在筐子里尿了一泡。"

在阿尔伯特们担心的问题里，重力排在最后一位。历史上一共有6位阿尔伯特，他们的名字——就像国王或者电影续集一样——后缀罗马数字以示区分。创造历史的是阿尔伯特二世。（阿尔伯特一世在等待升空的时候就窒息而死了。）那本杰出的著作《宇宙中的动物》里重现了在那次飞行达到零重力部分——38英里高——时监控阿尔伯特二世心跳和呼吸的记录资料。阿尔伯特二世的状况跟平时差别不大。（就像所有的阿尔伯特们一样，阿尔伯特二世也接受了麻醉。）这些数据也是他最后的数据了。火箭头上的降落伞撕裂开来，火箭头落入了沙漠。在最差的情况下，这是致命的；在最好的情况下，就是一次严重的张衡错了。国家档案馆有阿尔伯特二世发射和飞行的片断。我没要来这段片子，有镜头列表就够了。

特写：…… 几个关于小猴子为进入V-2做准备的镜头，放进一个盒子里，头伸在外面，接受皮下注射……

打得好，准备发射V-2。

特写：降落伞在地面上卷成一团。

特写：损毁的弹头设备和器材。

特写：猴子所在部分的残骸。

乍看去，阿尔伯特计划有点令人费解。人们琢磨着把一个人类放在一车爆炸性化学物质上头送到太空去，而他们担心引力会对他造成伤害？

要想了解阿尔伯特计划的思路，你首先需要花点时间思考一下万有引力。如果你跟我一样，你应该会觉得引力是一种很烦人的东西：玻璃器皿破碎和身体部位下垂都是它害的。直到这周，我都还没办法喜欢上引力。可万有引力是与电磁力以及原子核内的强力和弱力齐名的“基本作用力”之一，而这些基本作用力统治着宇宙。所以应该不难想到，在引力的袖管里恐怕也藏着一些未为人知的阴暗角落。

快速补一下课：万有引力是一个有质量的物体施加给另一个物体的可测量[①]、可预见的拉力。物体的质量越大，物体间的距离越近，这种拉力也就越大。月球离地球200 000英里，但是它的质量足够大，所以它不需要有意识地努力，无须任何插件，就可以把地球上的水，甚至地球板块都拉向月球，导致海洋以及（非常非常微小的）大地扬起波浪（地球对月球也有类似的作用力）。

万有引力是产生太阳及其他行星的根源。所以万有引力可以说是上帝了。最初，宇宙中只有虚空和气体云，别无他物。而随着气体云渐渐冷却，细小的微粒结合在了一起。如果没有引力，这些微粒可能永远都在太空中飘来飘去，谁也不认识谁。引力是宇宙的欲望。随着越来越多的微粒加入这场狂欢，这些天体块越变越大。它们的体积变得越大，产生的拉力也就越强。很快（也就几千个世纪吧）它们就开始诱惑更大的、更远的微粒进入受它们引力影响的火坑。最终就产生了星星，也就是大到可以拉住经过的行星和小行星进入轨道的物体。太阳系，你好啊！

万有引力也是地球上产生生命的最主要原因。是的，水是生命之源，但是如果没有万有引力，水就没办法在地球上待着。空气也待不住。正是地球的引力留住了组成我们大气层的气体分子——大气层不仅给了我们呼吸，还可以保护我们不受紫外线伤害——

---

① 作者注：用——你看酷不酷啊——重力仪就可以测出来。手里拿着一个重力仪走过一堆十分致密的岩石，你就能看到重力在逐渐增加。（地球密度的变化会影响到引力，这种影响能使导弹偏离轨迹一英里之多；而地球重力图在冷战时期曾经是最高机密。）如果这堆岩石是一座高山，而你已经高出地球平均表面4~5 英里的话，这种影响就会变小。所以如果你背着一个体重秤爬上喜马拉雅山的话，你会发现自己的体重稍微轻了一点，当然你爬山减掉的那部分不算。

让它们环绕在地球四周。如果没有万有引力，气体分子们就跟海洋中的水还有路上的汽车，还有你还有我还有拉里·金[1]还有进进出出汉堡店停车场上的大垃圾箱一起飞到太空去了。

在火箭飞行领域，其实“零重力”这个词算是一种误导。围绕地球轨道旋转的太空人们都还好好地在地球引力的范围内待着呢。像国际空间站这样的航天器，其轨道的海拔高度大约是250英里，所承受的引力也就比地球表面弱了10%而已。那么为什么他们可以悬浮在那里呢：当你将一个东西发射进轨道的时候，无论你发射的是航天器还是通信卫星还是提莫西·利瑞的残余部分，你都需要借助火箭巨大的推力把它们发射到一个又高又远的地方，又高又远到引力终于开始将这个物体向前的进程减缓到它开始回落时，它落偏了，错过了地球。于是它就一直围绕着地球下落而不是正冲着地球下落。而下落过程中地球引力的拉力仍旧存在，所以这个东西既持续下落，又被拉向地球的方向。结果就是环绕着地球一圈一圈地旋转了。（不过这种旋转不会永无止境。在近地轨道中，气体分子达到一定数量时也可以形成一小股拉力，于是几年后，这种拉力就可以降低太空舱[2]的速度，使没有火箭动力的太空

---

① 译者注：拉里·金，美国著名主持人，有“世界最负盛名的王牌主持人”之称。

② 作者注：或者空间站垃圾袋或者NASA小刮铲。宇航员在扔东西的时候，这些东西就会变成卫星，在几个星期或者几个月之后失去速度，掉出轨道。“卫星”这个说法适用于任何环绕地球轨道旋转的物体。“刮铲卫星”，也就是绕着轨道旋转的小刮铲，曾用来测试一种抹墙技术，来修补宇宙飞船外墙上的小划痕。讽刺的是，这种小划痕往往是由环轨道旋转的碎片造成的。你不用担心被掉下来的小刮铲或者激光信号装置方面的专家砸死，因为这些东西在再入大气层的时候就烧光了。（利瑞博士就在2003年的某一天被重新烧成灰烬。）

舱掉出轨道。）要想完全逃离地球引力的范围，物体必须达到地球的逃逸速度，即每小时25 000英里[①]。天体本身的质量越大，要突破它的控制也就越难。要想逃脱黑洞（坍缩的恒星）的巨大引力，你的速度需要比光速还快（大约每小时6亿7 000万英里）。换句话说，就算是光也没法逃出黑洞，所以它才是黑的。

回到失重的问题。重量这个东西本身其实就有点玄之又玄。我一辈子都在想着我的体重，在有生以来的每一天，它都作为我一个持续的、客观存在的特点而存在着，就像我的身高或者我眼睛的颜色。实则不然。我在地球上的重量是127磅，但是在比地球小得多，重力也只有地球六分之一的月球上，我的重量大概跟一个面包圈差不多。而这两个重量都不是我真正的重量。世界上没有真正的重量这种东西，有的只是真正的质量。重量是由重力决定的，是一种测量你在像牛顿的苹果一样在空气中下落的时候会得到多少加速度的工具。（在地球这里，如果不算大气阻力的话，你降落时每秒钟会增加每小时22英里的速度。）如果你站在地面上，你当然没有在加速，但是这种拉力仍旧存在。你不会降落，只会受压，这种加速度就成为你卫生间里体重秤上的重量了。所以，当没有地方可以承受这种压力时，比如当你在自由落体或者在轨道中时，你就失重了。宇航员们在环绕地球轨道的太空船中感受到的"零重力"实际只是一种持续环绕地球降落的状态罢了。

如果有什么东西给了另一个加速度——在地球重力加速度之外的加速度——那么你的重量就会改变。你可以试试站在体重秤

---

① 译者注：第二宇宙速度，每秒 11.2 千米。

上坐电梯下行。你会短时期内增加一点点体重，可能也在邻居中增加了一点点口实。电梯的加速度就在朝向地球的重力加速度的基础上提供了额外的朝向地球的作用力。反过来说，当电梯达到顶层并减速时，你会短暂地变轻一点；它为你增加了朝向天空的作用力，从而抵消了一部分地球给你的向下的作用力。

为什么要有这种力，这种物体间的拉力呢？我在网上戳来戳去，想找一个足够耐心的家伙来解答一下，终于让我碰到了由数百万富翁、商人及火警巨头罗杰·巴布森建立的重力研究基金会。巴布森在妹妹被重力拉到一条河底溺水而亡之后就成了历史上最振振有词、口若悬河的反重力积极分子，还发表了诸如《重力：我们的一号敌人》之类的长篇大论。如果我是巴布森，我应该会把水或者急流当作我的一号目标吧，但是这个人的愤怒无可撼动。①

巴布森现在已经死了，但是基金会存活了下来。现在这个基金会已经不再标榜自己在反重力上做的各种努力了，反重力这个词总看着有点"疯狂"。"我们既不'反重力'也不'顶重力'。"基金会负责人小乔治·瑞德奥在2001年这样告诉一个为基金会写介绍的记者。他说，他们只是在努力尽可能多地了解重力。我联系了一

① 作者注：为了激励后人继续和重力作斗争，巴布森花钱在美国13所重点大学竖起了石碑。科尔比学院那块传说中的"反重力碑"上写着他自己的目标："为了提醒学生们某天能发明出一种半隔离装置，能够将重力驯服为一种免费的能量并减少飞行事故。"学生们在此受到了各种启示：在后来成为支持重力的仪式上，这块反重力碑被推倒了无数次，大学最终重新将它放在了一个不那么突出的位置。除石碑外，巴布森还给学校留了一小笔资金，但是并未说明这笔钱一定要用来进行反重力研究。为了不拿它进行"米老鼠"科学，科尔比用这些钱修了一条连接两幢科学楼的空中走廊。"至少，"大学的一位发言人说，"它没在地上。"

下瑞德奥，想让他给我解释一下为什么重力会存在。他让我问一个物理学家。

于是我问了。这件事已然成为我的兴趣爱好了，但是我会说，为什么两个物体会被拉到一起。“玛丽，玛丽，玛丽啊。”我本来以为得到的反应会是这样的。结果一个物理学家说：“因为时空存在。”另一个则说：“‘为什么’又是什么意思呢？”或许对于那些了解重力的人来说，重力仍是一个谜。我完全可以想象，1948年跟重力捣乱的愿景就这样将航空航天医学的先驱们吓出了沙漠。

抱着屡挫屡战的精神，西蒙斯和他的队友们又发射了4只阿尔伯特上去。阿尔伯特三世的火箭爆炸了，阿尔伯特四世和阿尔伯特五世则像阿尔伯特二世一样，成了机能失常的降落伞系统的受害者。阿尔伯特六世成功返回了地面，而且生命体征几乎没有异常，但是在搜救人员寻找火箭头的过程中死于中暑。最终空军决定——你肯定想说早干吗去了——不再给他们命途多舛的重力猴子们取阿尔伯特这个名字了。更重要的是，他们抛弃了V-2，新宠是一种更小，问题更少[①]的火箭，叫作空蜂。

1952年的帕特里夏和迈克尔是第一批成功从零重力城之旅中活着回来的猴子们。它们的呼吸和心率在整个飞行过程中都受到

---

① 作者注：V-2的导航系统有明显问题。1947年5月，一架从白沙试验场发射的V-2火箭飞向了南方而不是北方，落在了据墨西哥华瑞兹市区仅3英里远的地方。墨西哥政府对这枚美国炸弹的反应从容不迫，令人钦佩。恩里克·迪亚兹·冈萨雷斯将军和总领事拉尔·迈克尔与美国官员会面，美国官员表示了歉意，并邀请他们来参观白沙的“下次火箭发射”。墨西哥人民满不在乎的态度也差不多。《炸弹爆炸未能阻止春日嘉年华》，是埃尔帕索时报的头条，注意内容里写着：“许多人以为这次爆炸是为嘉年华开幕放的礼炮。”

了监控，结果一切正常。这一时期的生物医学研究似乎都将注意力放在了呼吸和脉搏上，所有那时留下来的出版物，照片无一例外都是一名穿着白大褂剪着平头的医生将听诊器放在一只小猴子窄小的胸膛上。关于阿尔伯特的论文内容就这些了。单凭这些实在是看不出什么来——没错，倒是还活着——然后大约1950年，你能将火箭送到30英里、50英里、80英里高再送回来，没别的了。而要想排除重力造成的任何更细微的影响，空军需要一个他们能采访的对象：一个人类。为此，他们需要一种更安全的飞行方式。

所谓上阵亲兄弟，德国空军的航空航天医学先驱是弗里茨·哈伯和海恩斯·哈伯。他们在1950年就梦想着一种今天叫作抛物线飞行的技术。哈伯兄弟的理论是，如果一名飞行员能飞出像亚轨道火箭（或者棒球里的内野高飞球）一样的抛物线弧，那么在从最高点向下落的那一段弧形路线中，乘客们应该可以有20~35秒的失重体验，就像那些猴子们体验的一样。如果接下来这名飞行员拉起机头上升，并不断重复这一动作直到燃料用尽的话，科学家们将会得到一堆加起来有几分钟的失重状况来研究——作为建造和发射火箭的一小部分代价。直到今天，宇航局们仍在用这种过山车般的零重力飞行来测试设备或者训练宇航员或者训练不断骚扰他们数月的幽默作家（最近训练幽默作家这个活干得比较多嗯）。

场景转换到南美洲。哈伯兄弟有一个叫作哈拉尔德·冯·贝克的同事。他战后就住在布宜诺斯艾利斯。冯·贝克从V-2火箭和空蜂火箭的飞行中了解到失重对于生物体没有生命危险，但是他想知道的是，失重会不会在其他方面让飞行员失去判断力，从而影响他驾驶飞行器的能力。于是冯·贝克在本能的驱使下跑出去找了一些蛇颈龟。阿根廷蛇颈龟——就像战后的纳粹一样——是阿根廷、巴拉圭和巴西的原住民。它们是像蛇一样捕猎的乌龟，它们会将长长的脖子弯成之字形，再以迅雷不及掩耳的速度伸直去进攻猎物，这种攻击几乎百发百中。这也是冯·贝克想要测试的。零重力会让这些乌龟失去战斗力吗？会的。乌龟们变得移动“缓慢且没有安全感”，而且对于摆在眼前的诱饵无动于衷。可是话说回来，它们游泳用的水缸里的水当时也在持续不断地升起来，飘浮在空中形成了一个“卵形穹顶”。这时候谁能吃得下饭去啊？

于是冯·贝克迅速将实验目标从乌龟换成了阿根廷飞行员。在叫作“人类对象实验”——这个名字吧，如果我是前德国纳粹医生的话，我没准就理解成别的东西了——的章节下，冯·贝克记述了飞行员在常规飞行和失重飞行时在小方框里打叉的效果对比。在失重情况下，大多数叉叉都写到格外面去了，也就是说飞行员在空战中可能会难以一边操纵飞机一边做填字游戏。

第二年，冯·贝克被霍洛曼空军基地的航空港航天医学研究室召了回去，这里也是大卫·西蒙斯和阿尔伯特计划的家。西蒙斯迫切想用标新立异的抛物线飞行技术来继续他的零重力研究。现在万事俱备，只差一个愿意参加的飞行员。只有一个志愿者报了名，这个人就是乔·基廷格。乔·基廷格这辈子就指着自愿参加活动活着了。“如果不志愿参加点什么活动，人生一点真正的乐趣也没有。”基廷格在新墨西哥太空历史博物馆里的一份口述历史文件中如是说。（基廷格对乐趣定义独特。在1960年，他志愿参加在地球上空19英里，几近真空的地方跳伞，以测验超高海拔跳伞专用生存设备好不好使。第13章对此有更多介绍。）

基廷格愿意驾驶一架飞机沿45度角上升，然后画一个弧，再冲下来，同时观察一个用绳拴在副驾驶天花板上的高尔夫球。“我们的设备就这些！”基廷格告诉我。当飞机达到零重力时，高尔夫球开始飘起来了，当然基廷格也飘起来了，不过他在座位上捆着呢。与此同时，在副驾驶后面，一张萨尔瓦多·达利的照片成为现实。冯·贝克和西蒙斯当时也在研究猫在零重力的状况下能否调整好自己。“我们带着它们上天，然后就让它们飘着。”基廷格回忆说，“有时飞着飞着这边就飘过来一只猫，我就把它推回去。有几次还有猴子飘到副驾驶的位置来，我就抓住猴子把它推回去。”

当航空航天医学领域的人确定几秒钟的失重状况给人类带来的与其说是麻烦不如说是欢乐时，他们开始将他们那无尽的紧张神经投入了长期任务。一名宇航员如果在环地轨道上转三四天，或者飞去月亮的话，他还能吃饭吗，还是他需要重力才能让食物走下去？他要怎么喝水？在零重力的情况下，吸管还有用吗？在1958年年底，美国空军得克萨斯州伦道夫空军基地航空医学学校的3名上尉征用了一架F-94C战斗机以及15名志愿者，组织了一项工程来回答这些简单的问题。而学刊论文上为他们写的那部分措辞可复杂多了，题目叫作：“对次重力的生理反应：固体和液体食物的营养及进食机制”。

然而，上尉们对他们的发现并不放心。他们遇到了全新的、前所未有的危险。杯子里的水变成了“一种变形物质”，从杯子里飞出“糊”在了脸上。“在实验对象试图呼吸的时候，液体流进了鼻窦。呛水现象——实际上几近溺水现象——频繁出现。”而进食也注定同样危险。“许多实验对象报告说，食物悬在咽部，还有些报告说食物碎片飘起来穿过软腭进入了鼻腔。”他们说需要咀嚼的食物沿着食道漂浮到了嘴里，“导致实验对象恶心呕吐。”要我可能会觉得引起呕吐的是飞机那疯狂的飞行路线，或者内耳前庭系统里的什么东西与零重力作斗争的结果，但是当时的研究员执著于他们的猜测，并造出了一种新的，真正前无古人的现象：失重飞行反刍现象。

时间快进5个月。上尉们现在已经是少校了。他们征用了另一架F-94C，开始了“对次重力的生理反应：排尿的开始”实验。这种想法合情合理。如果你跟重力对着干，膀胱还会正常排空吗？根据他们带着一杯杯水进行的（“极其混乱的”）实验，研究员们了解到了比让人在一个开放的容器里小便更多的知识。他们用氧气面罩上的几根软管和小型气象气球制作出了一种封闭式小便容器。为了确保每个人都需要小便，他们满怀着空军特有的热忱，吩咐每个研究对象在飞行前两小时内喝8杯水，结果产生了严重的不适，比如有几个人在起飞前就忍不住要上厕所了。不过最后结果很好，小便也都能正常排出。

基廷格给那些研究员取了个外号：窝囊废。“当时满世界的科研论文写的都是（零重力）会限制人类升入太空。”基廷格在他的口述历史里说，“而我坐在那里，大牙都笑掉了，因为我真的很爱那种感觉！对我来说是完完全全的享受。”

其实你也不能苛责那些窝囊废。你必须要将他们的担忧放在当时的背景下去看。太空和零重力在当时还是无人涉足的地区，在那里，我们熟悉的规则没有一条确定能用。在历史的进程中，每当一种更新、更快的交通工具出现时，都伴随着类似的焦虑。“技术人员将蒸汽机完善到可以用来制造火车时，科学家们担心火车速度如此之快会对人体产生不良影响。”这段话引自1943年的一篇关于航空医学的文章。（当时的机车最高速也只有每小时15英里）20世纪50年代初，商业飞机可用时，医生们担心坐飞机可能会对心脏和循环系统有害。后来一名叫作约翰·马巴格的医生证明了飞行无害，联合航空公司感激地给他颁发了阿诺德·D.塔特奖。

现在，各个宇航局仍会用到抛物线飞行，不过现在他们测试的不是人类，而是设备了。每当NASA发明出了一种新的硬件——不管是泵还是加热器还是马桶——他们都要叫人把它拖到休斯敦附近埃林顿菲尔德的一架飞机上，看看零重力状况下这个东西会出些什么状况。此外，他们每年还会有两次把问题更大的东西拖到那儿去：大学生和记者。

第 5 章 无处安放

在 NASA 的 C-9 战斗机上逃离引力

如果你偶然进入埃林顿菲尔德机场的933大楼，你一定会停下脚步对大楼里的东西感到惊讶。面前的标牌就像蒙蒂·皮同剧组的喜剧《踩八字步的部委》这个名字一样，能产生感情共鸣却让人啼笑皆非。标牌写着：低重力办公室。我知道里面是什么，但是即使这样，我还是要在这里停留一下，沉湎于自己的想象中，想象茶壶飘浮着，而秘书们就像纸飞机一样飘来飘去。或者更好的话，一个拿什么都不当回事的组织。

而实际上，低重力办公室是监督一个项目的，这个项目是大学生和高中生参加的一项竞赛，旨在争取在麦道C-9军用喷气式运输机的一次抛物线飞行中进行零重力实验的机会[①]。这个计划是由NASA运营的，管理极其严格。

在开安全情况介绍会的时候，我迟到了。我是作为密苏里理工大学零重力及低重力研究小组的一名记者参加这次活动的。（“低重力”所指的情况是，比如在月球上，引力只有地球引力的六分之一，或者火星引力只有地球引力的三分之一。而NASA最大的梦想就是有天能跟它们两个都接上头。）

安全讲解员指着C-9的机翼，我们在飞机库里开会，而它就停在飞机库正中。她有着长长的、平直的棕色头发，穿着一套孕妇衬衫。“有资料记载。”她说，“有成年男人从6英尺远的地方被拉进了发动

---

① 作者注：在我参观后的几个月后，这些飞行外包给了零重力公司，而这些公司用的飞机是波音727。大多数人管这架飞机叫呕吐彗星。虽然NASA希望他们别这么叫。他们让我们管它叫失重奇迹。这个奇迹基本就是让你呕吐。

机进气道。”[1]这点我已经知道了，因为参与者手册里写着呢。手册里用了吞下这个词，好像飞机在这次事故中扮演了一个积极的、邪恶的角色似的。

在它身后的墙上镶嵌着一个长柄工具，不由得让人想起过去捕鲸人用来刮去船边大量鲸脂的钩子。有一个标牌写着这根东西叫作躯体救援钩，是用来救那些受到电击而手部肌肉收缩，抓紧那个致命的玩意不放的人的。如果你抓住他的胳膊想把他拉开，那么你的手部肌肉也会同样收缩，然后你们俩就都需要救援了。这根棍子是绝缘的，这样有常识的救援人员可以既拯救生命又免于搭上自己。在同一面墙上还有一个危害标识，上面列着许多会触发大楼消防泡沫释放的东西。（我看过一个关于这个的视频，看上去就像伐木巨人保罗·班扬在洗泡泡浴一样。）令人紧张的是，“焊接”也在这个单子上。

然后还有这个危险那个危险。在碎石柏油路上必须戴听力保护装置。不许穿人字拖，不许穿凉鞋。严禁“嬉戏打闹”。

我在报纸上看到过一张C-9加速上升到抛物线顶端时的照片。

---

① 作者注：几个星期后，我对遇见的一位俄勒冈空军卫兵提起了这件事。他回答说这件事发生在他认识的一个人身上过。“我看过照片。”他对我说，身体从座位上前倾。“他基本上是回漏到了后面。”如果你去谷歌上搜一下“人体外物损伤”，你就会看到一个年轻的空军被拉进A-6飞机通风口的片段，通风口另一端飞出了火星，但没有飞出这个人。他出现在当天晚些时候录的另一个视频中，很清醒，话也很多。他的头上缠着绷带，但是其他地方都还好。飞行医师告诉我，从中生还的技巧在于你的闪光灯或者套筒扳手比你先飞进魔口。那个东西会被嚼碎，导致引擎在碰到你的头之前关闭。一个网站建议人们给眼镜装上接引线，以免它把人脸拉下去。上面还说飞机通风口的吸力可以“把人的眼球拉出来”，但是并没有给出这方面的防护建议。

它飞行的角度十分诡异，就跟小孩子玩玩具飞机的轨迹差不多。这也太不靠谱了，一路都在给我们讲消防安全和露趾鞋的危害，也不给我们讲讲乘着一辆重复自杀式下降再急速上升到引擎都发抖了的战斗机有什么危险。

这种对极限的挑战——常见的偏执和放纵式飞行——似乎为政府资助的太空旅行定了位。NASA大楼里贴满了小叮当式的危险警告。关于滑、绊、摔的危险标志到处都是。真的，哪儿哪儿都是。在约翰逊航天中心餐厅的卫生间里，自动售卖机上印着一个对话框，那是厕纸在对你说："女士，不要把我丢在地板上。我可能会引起滑、绊、摔事故的！"放湿伞的架子就在大楼入口处，由安全行动小组友情赞助，以保持地板干燥。搞得好像NASA里满是没本事又丢人现眼的憨豆先生一样的人似的。在走廊的90度转角处，总会冒出一条黑体字的标语，上面写着：死角：小心前行。

或许专注于工作区微小的危险状况能帮助宇航局处理他们在每次任务中都会碰到的主要威胁：爆炸、坠毁、失火、卸压。太空就像战争一样，是一个可怕的鬼怪，无论你考虑得多周全，他都会带走一些受害者。你没法控制天气，也不能控制重力，但是你可以控制你的访客穿什么鞋子，控制她的雨伞在地上滴多少水。

给NASA增光的是，抛物线飞行从未出过问题。C-9的前任是KC135，有一架就摆在外面草坪上的钢制支架上，高出地面10英尺，看上去就像要一头冲进员工餐厅似的。它曾经进行了58 000

次抛物线飞行而无一“意外”[1]。不过，宇航员们也是一直这么对自己说的，直到挑战者号航天飞机在大西洋上空48 000英尺的地方爆炸。

时间是下午6点，工程学生们都去法德拉克吃饭了，没带我。我打包了点吃的，准备看着NASA电视台度过一晚。因为我就住在NASA马路对面的一家旅馆里——这家旅馆自豪且啰嗦地把自己定位为“美国约翰逊航天中心公寓式酒店”——NASA电视台就在1频道。我爱死NASA电视台了，它大部分时候演的就是空间站里未经剪裁的镜头。你搞不好整整10分钟都看着阳光在寂静的太空中一动不动，洒向非洲、南极洲、亚马孙。这种画面让我平静。我听NASA的人说他们觉得这很无聊，曾经试图用图片和有主持人的节目取代它，但是幸好，大部分内容最终都保存了下来。

今天空间站的宇航员们装好了日本制造的新的实验舱基博。在剪彩和记者招待会之后，有一段镜头放的是他们第一次进入这个实验舱。他们就像被放进场内的公牛一样，空间的突然扩展驱使他们动来动去。我看了不少NASA电视台的节目，但是很少会看到这样放纵的画面。你会看到一个人在电路板上空弓着身子，一个脚趾头钩在脚挂上，像一艘抛锚的船一样温柔地摆动着，或者你可以看到队员们整齐地排成两排，面对镜头，回答媒体记者的问题。如果不是飘浮的话筒线或者某人的金项链飘过她下巴的画

---

① 作者注：指的是NASA式的意外，说的好像它要对“意外造成的受伤或疾病”负责似的。这个“意外”跟你和我定义中的“意外”（比如说，跟地面湿滑有关的什么东西）可不一样，我们心中的意外甚至算不上D级意外，只能算是侥幸脱险。然而，还是有文件的：JSC表格1 257侥幸脱险报告表。

面，你简直会忘了他们在失重状态。

我的面条已经凉了，因为我无法将目光从电视上移开。一名宇航员正在水平打转，就像NASA的电视雇了一个为武术电影做特效的人一样。卡伦·尼贝里正在像台球桌上的母球一样乱弹：墙壁、天花板、地板。谁也没穿鞋，因为没有人需要脚板着地，就算着地了，地上也不会有尘土。日本来的宇航员星出彰彦正跨在实验舱的门上，等着人们清出一条从这头到那头的路。他推离舱门，飞过空旷的空气，手臂像个超级英雄一样伸在前面。我在梦里也做过这样的事。我梦见自己在一幢巨大的古老建筑里，里面都是精心制作的模型，天花板有50英尺高。我把自己推离那些模型，滑翔过房间，然后从对面的墙上弹回来，再滑翔一次。无论抛物线飞行会有哪些潜在的危险，都抵消不了逃离引力可能带来的快乐。我像个圣诞前夜的6岁小孩一样睡去。

早上我到的时候，我们小组的焊接试验已经安置在C-9上了。从外面看来，这个飞机跟其他大型喷气式客机没什么区别，不过里面已经被掏空了，只剩下后面的6排座位。焊接设备是一个自动臂状物，放在一个有门的小屋中一个前面是玻璃的盒子里。这个小屋是固定在一辆小推车上的，看上去就像魔术师会推着在舞台上转的某种东西。两个学生和他们的指导正伏在地上，努力想把小推车的腿固定在地板上的支架上。大概就差一英寸。

组员米歇尔·雷德讲解着他们的项目。虽然在过去的10年里宇航员们在空间站所做的大部分工作都是零重力情况下的建筑工作，但是大多时候他们用的都是螺栓而不是焊接。火星和熔化的金属让NASA很紧张。一点超热的金属溅到宇航员的宇航服上就可能烧穿层层防护而造成渗漏。除非封闭式焊接或者焊接机器人才有可能做这件事，但是你首先要确定零重力不会影响到焊接的强度。这也是密苏里大学的学生们今天想要测试的。

一声巨响传来，大家都转过头去看。焊接组的一名学生试图用力将小推车卡进支架，结果把它弄坏了。低重力项目经理多米尼克·戴·罗素盯着那堆慌乱的学生。他的头剃得光光的，双臂交叉在胸前，你有没有想起暹罗王里那个尤伯连纳？他就这样的，不过穿着飞行服，冷冰冰的而且显得焦躁。“这是怎么回事？”

一个微弱的声音响起：“我们呃……”

另一个人接下去说：“一个焊接点坏了。”

焊接小组指出那个推车腿不是他们焊的，而是密苏里理工金属店里的人焊的。有人在用手机给这个人打电话，但是这个人也帮不了他们什么，只能感到难过，不过学生们现在只要有这个估计也就够了。戴·罗素可不在乎这是谁的错。他指着出口：“把它搬出去。”

我这两天的安全情况介绍课是不是都白上了？现在换小组还来得及吗？我是不是要去跟蛋白质纳米孢子分析物检测小组去套套近乎？在飞机库的时候，我跟另一个密苏里的学生聊上了。他脾气有一点点暴躁，还有点羡慕嫉妒恨，他看上去不像是会有这些厌世人格的人。我问他，如果修不好那个推车腿，他的小组还能不能飞。

他不知道。他是地面队伍的一员，没机会飞的。他勉强地笑了笑说“没关系”。然后才想起来别人教过他的回答：“能来到这里已经很荣幸了。”

到了中午，那个焊接装置已经重新装上飞机了，这次直接粘在了地板上。太空焊接小组准备发射。

你永远不会想到你体内器官的重量。你的心脏是一个半磅重的钟舌，悬挂在你的主动脉末端。你的手臂就像扁担上的水桶一样压迫着你的肩膀。结肠拿子宫当懒人沙发。即使是你的头发也在给你的头皮施加重量。而在零重力状态下，所有这些都消失了。你的器官都在躯干里飘了起来。[①]结果就是一种轻微的欣快症，一种难以描述的感觉，好像你得以从一种你从未意识到它存在的东西中释放了出来。

如果你去NASA微重力大学网站看看，你会看到一张又一张学生们专心致志做项目的照片，而在许多照片的背景中，还有一对笑得合不拢嘴的傻子像烘干机里的衬衫一样飘向彼此。那对傻子就是我和乔伊斯。乔伊斯是NASA华盛顿总部教育部的，她就在学生飞行项目组工作，但是她自己从没参加过任何一次飞行。我真是应该跟我的小组一起在地板上，记录下正在发生的一切。但是我做不到，因为我的笔记本正从我面前翻着篇儿飞过，而我需要再盯着它看一会儿。它是悬浮在空中的，既不上升也不下降，就像派对几天后的气球一样。（我回到房间检查笔记时，发现我一点儿关键的也没写。我与其说是在做笔记，还不如说是在试验我的费舍尔太空笔能不能用。我的笔记都是："哇"还有"爽死了"。）

---

① 作者注：它们悬在你胸腔下面，怎么节食也不可能把你的腰围减这么多的。一名 NASA 研究员把它叫作太空美容疗法。没有了重力，你的头发会占更多地方。你的胸不会下垂。你体内的更多液体都移到了头部，抽空了你的大脚。因为血量感应器只在上半身才有，你的系统会认为你体内水分太多了，然后扔掉占全部重量 10%~15% 的水。（然后，我又听说有人管这个叫大脸鸡脚症。）

昨晚NASA台的节目中，一名宇航员在回答中小学生提问时说，零重力的感觉跟漂在水里的感觉差不多。实际上不完全是。在水里，你还是能感到水的帮助——支撑着你的体重，使你浮起来。当你移动的时候，你能感到水拍在你身上。你的确是在漂浮，但是重量也依然存在。而在C-9这里，每次你都有22秒的时间飘在空气中，无须任何努力，无须帮助，毫无阻力。重力给你开了个后门。

唯一拉着我们的东西是戴·罗素。他叫我们用一只手抓住带子。这就意味着每次我飘起来时，我都会飘到绳子最长的地方，然后就开始向左荡，导致我荡进了堪萨斯大学小组电磁对接钻机的空气层中。为了不碰到设备，我必须把腿伸下去，蹬离他们设备的外框。“不要踢人家的设备！”戴·罗素嚎着。我本来也想嚎的。听着，我烦死你们的破电磁对接玩意了！其实是这样的，飘浮这件事是需要时间来适应的。你可以问问李·莫林。任务专家李·莫林告诉我，他花了一个星期才适应飘浮的状况。“然后就感觉很自然了。像个天使一样飘着，我不知道这种感觉像不像，嗯，回到子宫里或者别的什么状态，但是感觉非常自然。而且想想穿着鞋在地上走就觉得很奇怪。”

“把脚放下来！”蓝色飞行服喊着。这是告诉我们该把脚放下来了，因为重力要回来了。其实重力回来得很温柔——你不是直接从天花板上掉下去的——但是即便如此你也不愿意头先着地不是。我们中有些人在两倍重力时选择后背着地，因为我们听说这样比较不容易犯恶心。

然后重力又消失了，我们就像坟墓里的鬼魂一样从地板上飘了起来。这里就像每30秒狂欢一次。失重的感觉就像吸食海洛因，或者我想象中海洛因的感觉。你试过一次，结束之后，你脑子里想的全都是你有多想再来一次。但是显然这种兴奋是会失效的。宇航员迈克尔·科林斯在为年轻人写的一本书里说："一开始，光是飘来飘去就很好玩，但是过了一段时间你就烦了，你就会想要待在一个地方……我的手一直飘到我面前，我真想有个口袋或者什么地方把它们放进去。"宇航员安迪·托马斯告诉我永远没办法放下一个东西有多烦人。"每件东西上都得装个粘扣。你永远都在丢东西。我带了一个指甲锉到和平号上去，我非常小心。但是任务结束前大概一个月的时候，它从我手里跳出去了。我转过身去抓它，可是它就不见了。它跟着和平号一起返回了地球。有次我们丢了一个利器箱。这么大的东西，就这样丢了，再也没见过。"

今天也有点烦人的事情。一个小组的电脑一直在关机。这是那种耐用型的笔记本电脑，当它发现加速度有瞬间变化时就会自动关机来保护自己。在地球上，这种变化意味着它掉地了。可是在这里，这只是意味着飞行员结束了速降准备上升。

在零重力——也叫零重——状态下，什么东西都不好好工作。"哪怕是保险丝这么简单的东西都不好好工作。"宇航员克里斯·哈德菲尔德告诉我。搞得好像我很懂保险丝怎么工作似的。现在我懂了：保险丝是一根在电流过量时就会熔化的金属丝。熔化的部分滴下去，保险丝就断了，电流也就无法通过。如果没有重力，熔化的金属不会滴落，那么电力就会保持连通直到金属沸腾起来，这时设备早已经烧焦了。零重力也是NASA标价那么高的原因之一。每一个要参与任务的新设备——每一个泵、风扇、节流阀、小部件——的原型都必须要去C-9上飞一圈，以确保它们在失重状况下还能正常工作。

设备过热在零重力时很常见。任何会发热的东西到了零重力都会过热，因为空气不会对流。通常情况下，热空气会上升，因为热空气更薄更轻；气体分子与较冷的空气相比更加活跃，它们会不停地互相碰撞扩张。当热空气上升时，冷空气就飘过来填补空白。而一旦没有了重力，就不存在谁更轻谁更重的问题了，因为大家都失重了。热空气还留在原地，越来越热，最终导致设备损坏。

人类设备常常过热也是同样的原因。如果没有风扇，运动的宇航员产生的所有热量都会留在他们身体四周，形成一个热带毒气带。连呼吸也是如此，那些睡袋悬挂的位置通风不良的队员会因二氧化碳过量而头疼。

而现在，在这个太空焊接小组里，坏得最厉害的都是人类设备，而且他们的问题不是风扇就能解决的。

第 6 章 上上下下的呕吐

宇航员的隐痛

C-9的天花板上有一个数字显示屏，长得就像银行里的叫号机。只不过这个屏幕显示的是抛物线的次数，现在已经显示到27，再有3次就结束了。登机前他们跟我们说过不要“在座舱里做超人状”，但是我没照办。在做第二十八次抛物线时，我弯曲双腿，横跨在窗格上，然后轻轻伸直，将自己发射出去，穿过座舱。就像在游泳池里用脚蹬离池壁一样，只不过池子里没水，你穿过的是空气。这大概是我这辈子最酷的一瞬间了。但是对帕特·则克尔来说则完全不同。密苏里太空焊接机已经用绳子绑在前排座位上了。虽然现在是失重状态，但是他看上去很重。一个白色的袋子在他的面前徘徊。他用两只手撑着袋口，样子就像是拿顶帽子在人群中要小费一样。

“呕——哇——”帕特从做第四次抛物线时就开始犯恶心了。在做第七次抛物线时，一名航空军医过来在失重时抱稳他，希望这样能让他好受点。（他后来告诉我，其实也是为了防止他“飘来飘去，无助地吐得到处都是”。）在做第十二次抛物线时，穿着蓝色飞行服的人给帕特打了一针，然后把他扶到了飞机后部，他就在那里待到飞行结束。

晕动症的特别之处在于，它残忍且巧妙地，基本上，总是在你得意的时候袭击你。在黄昏的旧金山海岸起航时，在小孩子第一次坐过山车时，在一名新宇航员第一次太空旅行时。[①]要想从欢乐

---

① 作者注：一名记者乘坐汤姆·克鲁斯的两座复翼飞机。克鲁斯开着飞机带着我们表演了一系列的飞行特技，最后一项“锤子头”让我中了招。飞机座舱是开放式的，我就坐在前排，意味着任何逃脱了控制，在我肘部风中飘扬的东西都会向后吹到克鲁斯先生那黝黑无瑕的脸上。克鲁斯很爱干净。灾难差点发生了。我努力控制住了我的玉米饼，虽然差点就吐出来了。

到痛苦，从“哇噻”到“呕哇”，没有比晕动症更快的办法了。

在太空中，晕动症可不止会让人不快和尴尬。一个丧失行为能力的队员生的会是全世界最贵的一场病。苏联曾经有一整次飞行任务——联盟10号——因为晕动症而夭折了。你可能会觉得现在的科学技术应该可以轻松战胜晕动症。实际上还没有，而且绝不是因为实验得还不够。

想要弄清楚预防晕动症的最佳方法，你首先要弄清楚产生晕动症的最佳途径。航空航天研究可能还没做到前者，但是在后者上已经成效卓著。而且没有哪个地方比佛罗里达州彭萨科拉的美国海军航空医学研究所更加战绩非凡了。这里是人类迷向设备的诞生地。在1962年NASA出资的一项研究中，20名军校学生同意将自己捆在一把侧面固定在一根水平柱子上的椅子上。捆好之后，人就开始像烤肉一样地旋转，速度高达每分钟30圈。顺便说一下，机动烤肉插上烧鸡的转速基本是每分钟5圈。这20个人里，只有8个人坚持到了最后。

如今晕动症引发机制的选择落在了转椅身上①。一个人笔直坐在椅子上，就像准备听写一样。一个小小的发动机开始让椅子在底座上转动，一眼看过去，这一进程充满了欢乐的气氛，仿佛是实验对象自己在旋转——就像办公室圣诞联欢会上一名微醺的速

---

① 作者注：这个就不是航空医学的功劳了。19世纪疯狂的收容所时常会给他们狂躁的病人开一次考克斯转椅乘坐。一名医生在1834年的一篇新奇精神学技术报告中写道：“有非理性的恶意行为的病人，会被放在转椅上旋转……直到他安静下来，道歉，并保证改进，或者直到他开始吐。”那是疯狂的尝试期。替代“疗法”还包括“突然跳进冰水”。

记员一样。在试验员的指导下，实验对象需要闭着眼睛，一边旋转一边左右摆头。我在NASA艾姆斯中心太空运动病症研究院帕特·考英斯的实验室里坐了一下那个转椅。在第一次摆头时，肚子里有什么东西跳了一下。“就是块石头我也能让它晕车。”考英斯说。我信。

航空医学又从这些折磨人的晕动症研究中得出了些什么结论呢？首先，我们现在知道了什么会导致晕动症：感官冲突。你的眼睛和你的前庭系统没串通好。比方说你是在海上起起伏伏的船舱内的一名乘客。由于你是跟房间的墙和地板一起在动，你的眼睛会告诉你的大脑说你在房间里坐着不动。但是你的内耳可不是这么说的。轮船把你上上下下摇来摇去时，你的内耳石——位于内耳道排成一排的毛发顶端的钙质小圆石——感受到了这些晃动。比方说，船下沉的时候，内耳石就升了起来；船升到浪峰时，内耳石就压了下去。因为房间是跟你一起在动的，所以你的眼睛完全发现不了上升或者下沉。大脑就糊涂了，于是由于某种尚不清楚的原因，就会让你犯恶心。很快你也开始起起伏伏了。（这也是为什么待在甲板上感觉会好一点，因为你的眼睛能够以地平线为参照物，看到船在动。）

零重力则带来了一种独特的令人费解的感官冲突。在地球上，当你直立时，重力会将你的内耳石拉下来，落在内耳底部的毛发细胞上。当你侧躺时，内耳石就落在内耳侧面的毛发细胞上。而在零重力的状况下，无论你是站着还是躺着，内耳石都是飘在中间的。那么如果你突然转头，内耳石就会自由地在你的耳道壁上弹来弹去。“所以你的内耳表明你刚刚躺下就站起来，之后又躺下再站起来。”考英斯说。那么在你的大脑能够重新解读这些信号前，这种冲突可能会让你一直恶心。

就算人类的内耳石难辞其咎，突然转头非常——用晕动症专家的行话来说——“有煽动性”，也算不上多惊人的发现。如果你翻一翻过期的《宇宙医学》，就会看到脸色很差的二战士兵将头固定在部队运输机内墙上垂直的板子之间，试图遏止呕吐的狂潮。（他人呕吐物的味道也是非常“有煽动性”的。考英斯喜欢用“有感召力”这个词。）在二战中，晕机和晕船是非常严重的问题，以致政府在1944年专门成立了全美晕动症小组委员会。（不过话说回来，当时政府还成立了美国禽类营养小组委员会，还成立了一个关于沉降作用的小组委员会。）国家太空生物医学研究所常驻晕动症专家查尔斯·欧曼证实了任意转头的危害性。他在宇航员的头盔背面装了一个加速度计，结果发现那些天生爱晃悠脑袋的宇航员是任务中最容易患上晕动症的。而太空中的原理同样适用于一辆行驶在弯路上的汽车：无论后面一辆车上的司机有多像盖可车险的穴居人，不要扭头去看。据多产的20世纪60年代晕动症研究员阿斯顿·格雷布耶尔说，对高度易受影响的人群，即便是头部只动一下也会产生可测量的出汗水平增长——意味着恶心就要达到高潮了。①

“我们真的提出过做一种会报警的小帽子。”欧曼说。如果宇

① 作者注：肠部活动也被当作初期反胃的警钟来深入研究。一名航天飞机宇航员写道，他在整个任务过程中，肚子上都贴着一个“肠部声音检测器”。不要为他感到难过，应该感到难过的是空军那个保安，被迫听了两个星期的肠部声音，以确定没有包含机密信息的对话被意外录进去。

航员摆头过快或过多，他们就会听到警报声。欧曼并没有记录宇航员对于报警帽这项提议的反馈，但是我估计宇航员们应该相当——用他们的话说——“有煽动性”，因为这样的航空帽后来并没有成真。欧曼倒是成功地让一次任务的宇航员们同意尝试戴阻止头部无关运动的加垫的领子，但他们迅速就摘了。“他们都把它当成刺激物了。”欧曼悲伤地说。

宇航员们面对的是所有感官冲突之母：视觉再定位错觉。也就是上方会在毫无征兆的情况下变成下方。在欧曼的论文里，一位太空实验室宇航员回忆说：“你正在工作……自然而然地重新定义‘下面’，无须思考，然后你转过身，发现整个房间跟你想象的方向完全不一样。”（这可能是帕特·则克尔的错。他告诉我说他当时有一种“清晰的分不清上下的感觉”。）最常发生这种情况的地方，就是一个墙壁和天花板没有明显视觉区别的空间。太空实验室的隧道臭名昭著。一名宇航员告诉欧曼，他觉得穿过这个隧道会让他恶心到他有时候会专门跑到那里去让自己“吐一下，感觉好一点”。哪怕只是瞟到另一名宇航员和自己方位不一样也会引发这种感觉。“很多太空实验室里的宇航员描述过这样突然的呕吐发作症状，只是因为看到附近的一名队友头朝下飘在空中。”[1]没有个人恩怨。

---

[1] 作者注：头朝下待着会让你的队友受不了还有另一个原因。当一个人的嘴巴上下颠倒的时候，你很难搞清楚他到底在说什么。我们在日常交流中，对唇度的依赖程度超乎想象。宇航员李·莫林告诉我，如果一个人倾斜超过45度，要弄清楚他嘴唇想说些什么就会变得非常困难。另外，他说：“还有个下巴的问题。”下巴看上去像鼻子一样，讨厌死了。

像欧曼这样的专家对于药物的态度总是变来变去。在太空，就像在海里一样，恢复过程实际上就是一个适应过程；如果你一直待在温室里，你就没机会让自己的前庭系统暴露在新的环境下。可另一方面，过度暴露有可能最终突破界限，害自己恶心呕吐。药物已经在帮助宇航员们起床、活动、着手工作了。但是他们同时也对自己的免疫力有一种错觉，让他们做得太过。治疗晕动症的药物不会让你免疫；他们只是提高你呕吐的门槛罢了。

对任何一个短途旅行的人来说，无论你是要穿过英吉利海峡还是在NASA的C-9飞机上，你都需要药物的帮助。NASA给我们莨菪安（用于抵消莨菪碱镇定效果的右旋安非他命）。即使如此，大多数飞机上还是会配备至少一到两个“终极杀手”，以备穿蓝色飞行服的人们自己中招。在抛物线开始前，帕特看上去就要吐了。他很有可能对于某种交通工具产生了条件反射——他这种情况，是对飞机的反应——可能飞机曾经让他难受得死去活来过。那些说自己“只要看到船就会头晕”的人并不完全是夸张。（在这种情况下，放松和反制约技巧是有帮助的。）人们对于呕吐物的气味也会有条件反射。“这就是为什么晕动症好像会传染一样。”欧曼说。

彭萨科拉的研究证明了一点，不要专注自己的感觉，把注意力转移到其他事情上是有帮助的。顺利在人类重定位装置上烤过的那8个人都在一边转一边做“连续性脑内四则运算”或者定时按顺序按按钮之类的事情。之所以是脑内而不是笔头，是因为在你跟晕动症作斗争时，你最不想做的事就是阅读了。特别是，千万不要读像《呕吐物及肠胃道内容物分析》之类的论文。

拉斯提·施韦卡特全做错了。施韦卡特是阿波罗9号的一名宇航员，负责测试阿波罗11号上的队员即将在他们历史性的月球漫步时所带的维生背包。施韦卡特本来应该背上它，启动，然后奔向卸了压的登月舱。因为他在之前的抛物线训练飞行中吐了，他在太空行走的前3天都极其小心。“我的整套工作方法……”他在NASA口述历史中说，“都在于尽量保持我的头部静止，不要来回动。”于是遇到了第一个问题：他的适应期推迟了。到了第三天，施韦卡特不得不穿上他的舱外活动服。这像他描述的一样，是一个充满了弯腰和弓身的真正的“柔术杂技演员的挑战”。问题二：头部运动。“突然间我必须要吐，……我是说，那种感觉很不好。但是当然你吐过之后感觉会好很多。”在鼓励下，他继续他的准备工作，向着登月舱移动。问题三：可怕的视觉再定位错觉。“你已经习惯了向上，结果你一走过去，上变成下了。”当他走到那里时，他不得不等着队友跟上他的进度。“我基本上已经没事可做了。”问题四：“当你的头脑突然——（它的）首要任务都没了，于是……不适感成了大脑中的头等大事。突然间，我又想吐了。”

在犯太空晕动症的时候，呕吐的冲动会来得特别突然。欧曼的太空实验室成员在接受采访时回忆说，他跟一个同事坐在一起，那个同事正在吃苹果。“就在那时，他说了句：‘哦，天！’把苹果扔上了天，然后就这样吐了。”发射平台的工作人员会在起飞前往新人的口袋里多塞几个呕吐用的袋子，但即使是起飞前，也常会有不受控制的呕吐情况发生。[①] NASA的理解是自己弄干净。就像一名受访者说的:“没人愿意帮你弄那个的——你必然也不希望别人来弄。”虽然你不能指责施韦卡特的宇航员同伴缺乏同情心。同此奉上在关于阿波罗9号的1 200页的任务记录上最感人的一刻:

> 指挥舱驾驶员戴夫·斯考特:你干吗不把关机之类的事情都交给我们,你自己脱掉宇航服,收拾干净,试着吃点东西然后上床去呢?
>
> 施韦卡特:好的。收拾干净听上去好极了。
>
> 斯考特:拿条毛巾,洗一洗……什么的。这样你会感觉好一点。
>
> 施韦卡特:好的。你可以来盯着电台吗?
>
> 斯考特:没问题,交给我吧。

由于一些我们很快就会清楚的原因,NASA做了很大的努力不让它的男人女人们在太空行走时吐在头盔里。施韦卡特和斯考特就他们是否应该跳过这种特殊的舱外活动然后直接告诉NASA他们做过了且进行过严肃认真的讨论。阿波罗9号对于将一个人放在月球上来说是很关键的一步。尼尔·阿姆斯特朗和巴兹·奥尔德

---

① 作者注:在抛物线飞行时,逃避演习是至关重要的。乔·麦克曼曾负责NASA舱外活动管理办公室,他告诉我有次他在跟一个人一起飞,那个人突然就吐了起来。“我意识到大概3秒钟后,在双倍重力的时候我也要跟着吐了。于是我就各种乱动来努力避免。”我遇见的一名NASA员工发誓说双倍重力让人不容易吐出来。

林在月球上穿的舱外活动生命支持系统、碰头地点，还有对接设备和过程必须要经过测试。“当时已经是1969年3月了。”施韦卡特在他的口述历史中回忆说，“这个10年马上就要结束了……这项任务是不是因为施韦卡特一直在吐而基本上废了呢？……我是说，我当时脑子里想着，很有可能正是因为我，肯尼迪奔向月球的挑战到这十年结束时都还没有完成。”

如果你在太空行走时吐在自己的头盔里会怎样呢？“你会死的。”施韦卡特说，“你没办法让那些黏糊糊的东西远离你的嘴巴……它就一直飘在那里，你没办法让它离开你的鼻子嘴巴，于是你没法呼吸，然后你就死了。”

或者不一定。美国宇航服的头盔，即使是阿波罗时代的那些头盔都有引导空气以每分钟6立方英尺（1立方英尺≈0.028立方米）的速度向下流动的气路。所以呕吐物会从脸上吹下去，进入宇航服里。恶心吗，确实。但是会死人吗，不会。我把这整套呕吐物致死的过程给汉胜公司的一名高级宇航服工程师汤姆·蔡斯过了一遍。“呕吐物从宇航员背后返回到氧气道的可能性非常微小。”他开始说了，“这只是5种回路中的一种，其他4种在四肢处，所以即便一条路被卡住了，也不大可能会阻断整个系统。即便是以某种方式阻断了，队员完全可以关掉他们的电扇，继续‘清理’，这时他们可以通过显示模块和控制模块来清洁气阀，从加压罐中重新获得新鲜的氧气。”切斯把他的风扇关了一会儿。“所以你看，我们对这个问题真的是考虑很周全的。”

如果呕吐物在你的口鼻前挥之不去，它会害死你吗？不大可能。如果你吸入了你的呕吐物，或者不幸吸入别人的呕吐物，会引发一种保护性的气道反射动作：咳嗽。如果一切都按自然设计的方式进行的话，呕吐物会被拒之门外。吉米·亨德里克斯之所以死于吸入他的呕吐物（主要是红酒）是因为他当时醉得已经昏迷过去，他的咳嗽反射动作停止了。

然而在吸入物里，呕吐物还是比诸如池塘水这样的东西危险。四分之一口呕吐物就可以导致巨大的损伤。胃酸是呕吐物中常见的原料，而它可以轻易消化掉肺部的黏膜。而且与池塘水不同（但愿是），呕吐物通常还包括尚未消化的食物残渣：这是可以卡在气道里导致窒息的。

如果胃酸可以消化一个肺，那么想象一下它进到眼里会是什么感觉。"呕吐物碰到头盔又弹回眼睛里会让人非常无力。"蔡斯说。这才是头盔内回流带来的最现实的危险。另一个危险是呕吐物溅上护面阻碍视线。

护面上黏糊糊的一堆真的会让宇航员十分郁闷。用阿波罗16号的登月舱驾驶员查理·杜克的话说，"我告诉你，当头盔里满是橘子汁的时候，要看到东西是很困难的"。（实际上，是果珍。）[1] 杜克的宇航服内置饮料包在登月舱内检查的时候就开始漏[2]。（宇

---

① 作者注：NASA 并没有发明果珍，但是双子星座和阿波罗宇航员们让果珍出名了。（发明果珍的是卡夫食品公司，在 1957 年。）NASA 还在用果珍，虽然它定期就会有坏形象出现。2006 年，恐怖分子将果珍混合在一种自制液体爆炸物里，打算在横渡大西洋的一次飞行中使用。20 世纪 70 年代，果珍被混入美沙酮里使有海洛因毒瘾的人避免复发再去注射毒品，不过他们还是注射了。如果静脉注射果珍，会造成关节痛和黄疸，但蛀牙会比较少。

② 作者注：很烦人，但是总没有他的安全套式尿液容器滑下来的时候烦人，就在从月球起飞前。杜克耸了耸肩说道："你知道，左腿流下一股暖流……靴子里都是尿。"

航服内置饮料包是NASA版的驼峰袋[①]。)任务控制中心推测问题是由零重力造成的，所以在月球引力下就会“水落石出”了。结果没有，至少没有完全落定。请看阿波罗16号任务记录上的查理·杜克，在月球上开着车，在他人生最顶峰的时刻，在一组有着奇怪名字的环形山进入视线时，他说：“我看到了破车、地洞还有橘子汁。”

历史上，真正需要担心吸入呕吐物的人不是宇航员，而是早期的外科手术病人。麻醉就像一加仑红酒一样，既会让你呕吐，又会减弱你的咳嗽反射。这也是现在外科手术病人在手术前需要禁食的原因之一。即使有少数病人带着满满一肚子食物进入手术室然后又吐了，医生们也都装备了抽吸器。在亨德里克斯的救治过程中，救援人员动用了“一个18英寸的吸盘”。

话说，你确实会希望抽吸管直径大一点的。1996年，在华盛顿刘易斯堡，4名来自马迪根陆军医疗中心的医生比较了标准抽吸管和一种新的、改进版的大直径抽吸管抽吸一口（平均90毫升）模拟吸入呕吐物的时间。结果公布在了《美国急救医学杂志》上，后者比前者快了10倍，而且不容易把肺也吸一块出来。

你可能会想知道医生是用什么来做他们的“呕吐模拟替代物”的。他们用的是普格鲁斯蔬菜汤。普格鲁斯网站的合作媒体清单中列出了《美食美酒》《烹饪画报》《消费者报告》，但是——可以理解——没有《美国急救医学杂志》。从网站上看来，如果普格鲁斯的人知道这点一定会吓死的。他们对于罐头食品的自我感觉相

① 译者注：军用水袋。

当良好，甚至为他们的产品推荐了建议搭配饮用的红酒。

头盔内呕吐真的发生过吗？我听说施韦卡特出现过这样的状况，但是我的消息来源后来又撤销了他的证词。查尔斯·欧曼告诉我他只听说过一次宇航服内事件，而且“量很小”。那次事件发生在国际空间站的气闸里，在一名宇航员准备进行太空行走的时候。欧曼没有透露那名“反刍怪”的姓名，吐在宇航服里至今仍是一种耻辱。

实际上，现在人们对这件事的态度已经不像施韦卡特那个年代那么强硬了。施韦卡特回忆说，在阿波罗时期，人们的观点是：“晕动症是窝囊废才会得的东西。”塞尔南表示同意：“承认自己呕吐就相当于承认了一个弱点，不只是向公众以及其他宇航员承认，也是向医生承认……”而医生就会决定不让你飞了。塞尔南在他的回忆录中描述了在双子星座4中感觉恶心，但是没有告诉别人，以免他的同事们觉得他“跟个夏季航海旅行团中的小废物似的”。

阿波罗8号的指挥官弗兰克·伯尔曼掩盖了他的晕动症。还是让施韦卡特做了第一个吃螃蟹的人：“宇航员们都知道弗兰克吐了不止一次，但是……由于各种各样的原因，弗兰克自己的原因，他放不下这个面子，不肯承认。”于是施韦卡特就戴上了被他自己称为“唯一一个在太空中呕吐过的美国宇航员”的帽子。（在水星计划和双子星座计划中，晕动症确实比较少见，可能是因为这两次计划的太空舱都极其狭窄，没有足够的“动”可以造成“晕症”。）伯尔曼过了很久才承认他在去月球这一路上——像塞尔南在回忆录里写的那样——“吐得跟条狗似的”。[1]

从飞行任务中返回后，施韦卡特就全身心投入太空晕动症的研究了。“我去了彭萨科拉，然后…… 我就成了他们的豚鼠，他们用来放大头针还有探针还有什么什么的插针垫。有整整6个月的时间…… 我的主要工作就是尽可能多地学习关于晕动症的知识，跟你说实话，我们至今知道的也没多少。”但这项工作还是值得的，就算没有其他意义的话，至少它让施韦卡特承认自己得了晕动症。“拉斯提为我们大家付出了代价。”塞尔南写道，“在公开场合没有任何对他不好的言论，但是他再也没有执行过任务了。”

公开场合有不好言论的是杰柯·凯恩，来自犹他州的宇航员参议员。言论出现在一份国家级多媒联合连环漫画中。画了《杜恩斯比利》的漫画家加里·特鲁多曾经猛烈攻击凯恩1985年的那次太空舱飞行就是打了一次天价水漂。所以当特鲁多听到风头说凯恩在那次任务的大部分时间里都犯着恶心，他笔下的一个人物自此都用“凯恩”作为衡量太空晕动症程度的单位了。（实际上太空

---

① 作者注：跟条狗似的是怎么个吐法呢？其实也要看是条什么狗以及这条狗的交通工具是什么。麦吉尔大学在 20 世纪 40 年代的一项研究显示，有 19% 的狗是无论如何也不会被搞吐的。在一次实验中，人们在一个恶劣的天气里把 16 条狗带到了湖里的一条船上。有两条狗在去往湖边的路上就吐在卡车里了。7 条吐在了船上，其中有一条是之前在卡车里吐过一次的，在船上又吐了一次。虽然这趟湖边之旅导致狗狗们“情绪低落而且显然十分痛苦”——而卡车车主和船主的情绪很可能比他们还要低落痛苦——但是从后来进行的一项把它们放在一个大秋千上的实验看来，尽管更多的狗吐了，却“几乎没有证据显示狗有不开心的情绪”。人们选择狗做对象来研究人类晕动症是因为狗和人一样容易发作。豚鼠还有兔子就没用过，因为它们是仅有的两种对晕动症免疫的哺乳动物。

晕动症是没有单位的，但是有一个等级，最低为“轻微不适”，最高为“直接吐了”。）

帕特·考英斯是笑得最开心的一个。凯恩接受训练时，考英斯就提出过要教他一种她发明的生物反馈技巧来预防太空晕动症。他拒绝了她，说：“是，我听说过那个加州医疗什么玩意的。这玩意能让我的头发长回来吗？”（除了让我印象很深刻的结果外，考英斯至今还在为生物反馈那肉麻的名声而作斗争。连她自己的老板都不用她的方法。“我跟NASA说：有那么家大公司你知道吗？那个公司叫海军你知道吗？他们现在就在用哦。”）

谁也不需要——不管是杰柯·凯恩、拉斯提·施韦卡特还是支捷·图勒都不需要——为在太空中恶心呕吐而感到难堪。有50%~75%的宇航员都有太空晕动症的症状。“这也是为什么在任务开始的一两天里你不能看到太空舱里的片段，因为宇航员们都跑到角落什么的地方去吐了。”NASA宇宙尘馆长迈克尔·泽伦斯基说。泽伦斯基自己在抛物线飞行的时候就吐得特别厉害。唯一比他更惨的乘客是那个帮助宇航员练习在零重力情况下抽血的人，因为他的手臂都被固定住了，还得有人帮他捧着袋子对着他的脸让他吐。

严格说来，晕动症并不是一种病症。晕动症只是我们对于非正常状况的一种正常反应。只是有些人反应快一点猛一点，有些人慢一点轻一点，但每个人都可以被弄吐。即使是鱼都会晕船的。一名加拿大研究员说过一个鳕鱼孵化场场主给他讲的一件事。有人叫这名鱼商把一些水缸里养大的鱼通过海运带过去。“船出海一段时间后，鱼吃下的所有鱼食都在水缸底出现了。”这名研究员还列出了所有可能会患上晕动症的物种：猴子、猩猩、海豹、绵羊、猫。马和牛由于解剖学上的原因不会吐，只会感到恶心。至于鸟类，他说，则存在一些争议。[①]作者个人提出他曾经看到过一只鸽子在旋转平台上吐了，但是他又补充说："这是十分罕见的。"我琢磨着也是。

唯一可以预知不会患上晕动症的人类是那些内耳无功能的人。在一场恐怖的海上旅行中，一组完全没有呕吐反应的无名聋哑人让科学界开始把晕动症和前庭系统联系起来。那是1896年，和他们一起的还有一名叫作麦纳尔的内科医生。他在论文里写道：他听说另外两组聋哑人——一组有24人，另一组31人——经常长时间出海但是从来不觉得难受。此前，医学科学总是将晕动症怪在胃里食物突然倾斜以及肠部气压不稳上。在当时的《柳叶刀》杂志文章里到处都是关于束腰带和皮带的描述。读者也回应了他们自己用来稳定肠胃的办法：唱歌、在船升到浪峰时屏住呼吸，还有"大吃腌洋葱"。最后一条背后的道理在于：吃腌洋葱会让人排气，从而影响胃部并稳定肠道内气压。唱歌和肠胃胀气可能会让你发现当时参加远洋航行的聋哑人的优势。

---

① 作者注：由于某些奇怪的巧合，我今天中午去的一个讲座刚好讲到了这个问题。（讲座叫"土耳其秃鹰：是真是假？"）主讲带了一只他自己的宠物土耳其秃鹰，名叫友好，但是这只秃鹰比想象中秃鹰的味道要臭得多。他说，这是因为友好在过来的车上吐了，早些时候他告诉我，如果你吓唬一只土耳其秃鹰，它就会吐。我当时坐在第二排，我完全相信土耳其秃鹰的呕吐物对吓唬它的人会是一种强有力的武器。除非你是一只土狼。科学小常识：土狼觉得土耳其秃鹰的呕吐物精美可口，它们有时候会故意去吓唬土耳其秃鹰，纯粹为了吃点零食。

讽刺的是，NASA艾姆斯晕动症研究员比尔·托斯卡诺自己的前庭系统就不大好使。他自己一直不知道，后来有一次他去坐了那个转椅。“我们一开始都以为那椅子什么地方坏了。”托斯卡诺的副研究员帕特·考英斯说。他在转椅上坐着的时候我跟他聊天，他的声音随着椅子的转动而忽大忽小，这是他的超能力。

由于晕动症是对于一种不同寻常或者感官上令人困惑的运动或重力环境的自然反应，宇航员们在执行完长期任务回到地球时，又要从头再晕一次。在过了几周甚至几个月没有重力的生活后，他们的大脑已经开始将耳石给出的所有信号都解读为某个方向的加速了，所以当他们头在动的时候，他们的大脑告诉他们身体在动。宇航员佩吉·惠特森曾说过，在她结束了在国际空间站上一次长达191天的任务回到地球后，最初的一段时间感觉是这样的："我站在那里，地球在以每小时17 500英里的速度绕着我转，而不是我以每小时17 500英里的速度绕着地球转。"这叫作登陆眩晕，或者叫晕地球症。（其他鲜为人知的晕动症派生物还有晕游乐场机动游戏设施症、晕奇观症、晕宽屏电影症、晕骆驼症、晕飞行模拟器症、晕秋千症等。）

虽然令人难以接受，呕吐这一行为还是值得尊重。它是发生在肠道里的一种管弦乐，需要各部分复杂而紧密的配合："先是用力吸气，隔膜下降，腹部肌肉收缩，十二指肠收缩，贲门和食道放松，声门关闭，喉部向前，软腭上升，然后嘴张开。"难怪人类需要一整套"催吐大脑"——或者叫"呕吐中心"——来控制这个过程。我记得曾在某处读到过一种以前被叫作雷龙的恐龙，它在尾巴根处还有一个大脑，专门用来控制它下身的运动。我想象一个大脑形状的灰色器官驻扎在它的骨盆上。现在我觉得我错了。因为“催吐大脑”并不是一个真正的大脑，最多只是呕吐中心加了个停车场还有几个受托人罢了。只是在第四个心室里的一个地方，有几簇1毫米左右的细胞核而已。

在晕动症中，呕吐实在是一个毫无明显缘由的大麻烦。在吃到有毒或者被污染的食物时，呕吐还有点用——让食物尽快离开身体——但是作为感官冲突的反应算怎么回事呢？欧曼说，没怎么回事。他说这只是一个不幸的进化事故，因为催吐大脑刚好进化在控制平衡的大脑旁边了。晕动症极有可能只是这两个大脑的干扰罢了。“只是上帝的一个玩笑。”考英斯说。

在1980年伦敦舞台版的《象人》中，约瑟夫·梅里克自杀了[1]，方法是躺在床上，让他那奇异的大头挂在床边，压扁他的气道，这是借助重力的自杀。他的头太重，脖子的肌肉没办法把头抬起来。我曾经有过一次每20秒就有这样的感觉。当C-9结束下落开始回升的时候，我们被大约2G——两倍地球引力——的加速度抛在了地板上。我的头突然就重20磅而不是10磅了。就像梅里克一样，我平躺着——不是为了自杀，只是因为我听说这样比较不容易恶心。那种感觉非常奇怪，我没办法把头从飞机地板上抬起来。

---

① 作者注：研究梅里克的学者就这到底是自杀还是事故意见不一，但是他们都认为他真正的名字应该是约瑟夫，而不是约翰。我大概记得伦敦演出时用的是更出名的“约翰”这个名字，可能是为了免去加注脚解释的麻烦，就像我现在在做的一样。既然你已经看到这里了，我就再告诉你当时扮演梅里克的是大卫·鲍伊。他完全没化妆，也没戴假肢，连衣服都没怎么穿。他像梅里克那样弯起身子，就让你心碎了。

我在某处读到过搁浅的鲸会死于重力过大。没有水的浮力，鲸的肺和身体的重量会重到向着它们自己倒塌。鲸的横膈膜和肋骨上的肌肉没有足够的力量扩张它的肺，也举不起压在上面的，变重了的鲸脂和骨头，于是它就窒息了。

20世纪40年代的航空航天研究员想出了一个在地球上模拟几倍重力的办法。他们把一只老鼠或者兔子或者黑猩猩或者也许最终会是一名水星计划的宇航员放在一根长长的、旋转的离心机臂末端。离心力会将人体器官和液体向远离离心机中心的方向加速，就像我们在第四章讲过你们可能已经忘了的那样，重力只是一种加速度。所以，要模拟在超重状况下直立的情况，研究员就需要让他的实验对象脚朝外躺在这根旋转的离心机臂末端。离心机转得越快，实验对象的器官、骨头和体液就变得越重。

你可以在1953年2月刊的《航空医学》杂志第54页上看到老鼠在10G及19G的时候器官会在身体里变成什么样。不过我不推荐你看。航空医学加速度实验室的一个海军指挥官团队发明了一种极具独创性且令人毛骨悚然的“速冻技巧”。他们将麻醉过的老鼠在离心机上旋转时浸入液氮中。于是现在心脏里重了19倍的血液聚集在心脏底部，使心脏下坠拉长，就像一坨橡皮泥一样。腹部的器官们纷纷抱团，像沙袋一样聚集在盆腔里，头部被吸入肩膀，至于睾丸成什么样了我讲都不想讲。第二张照片拍的是另一个方向，即头朝向离心器臂末端的老鼠的样子。这次它那些过于沉重的器官都堆在了胸腔里，挤扁了它的肺，而躯干其他地方则空旷得很诡异。

这些指挥官们并不只是在取乐。早期的航空医学研究人类对于超重情况的承受极限，是为了了解怎样保护战斗机飞行员，以及此后的宇航员。喷气式飞机驾驶员在从大角度俯冲中拉起进行另一个高速技巧时，承受着大约8G或10G的重力。宇航员在起飞时会经历几秒钟的双倍或三倍重力，然后在飞行器降落返回地球大气层时会有4G甚至更多G的时刻。从真空的太空返回空气粒子的铜墙铁壁会将飞行器的速度从每小时17 500英里降低到每小时只有几百英里，就像任何突然刹车的交通工具一样，里面的人会向车辆运动的方向前倾。而这种前倾正是返回地球的危险所在——前倾时人们感受到的是2倍或4倍的重力，而这种现象可以持续长达一分钟之久，撞车时则不过一瞬间就过去了。

人类身体可以承受多少G的超重而不受到伤害取决于人体要暴露在这种环境下多久。如果只是十分之一秒，那么人类平均可以承受15~45G，取决于这个人承重的姿势是怎样的。如果你在这个范围里待到一分钟甚至更久的话，你的承受力就会急剧下降。这时你沉重的血液会有足够的时间聚集在腿部和脚部，导致大脑缺氧，你会昏过去。如果持续的时间够久，你就死了。根据约翰·格伦对于他在NASA的离心机上接受训练的状况描述，在16G时，“你必须要集合所有的力气，用尽一切技巧才能保持清醒。”这也是为什么在航天器返回大气层时宇航员们都选择躺着——这样血液就不会聚集到他们的腿部和脚部了。但是血液聚集在你的背部也会让你像沙滩上的鲸一样，胸骨下方会有疼痛感。吸气变得十分困难。在联盟号一次出了问题的重返大气层过程中，国际空间站远征16号指挥官佩吉·惠特森经历了一次特殊情况，返回大气层速度过快并且有长达一分钟的8G状态，8G大约是正常重返大气层超重程度的两倍了。宇航员们在离心机上学习过如何应对这种情况——呼吸要尽量做成又快又浅的喘息，这样肺部不会完全放空，而且吸气也会用到更强壮的隔膜肌肉，而不是附着在肋骨上的较小的肌肉。即便如此，惠特森还是要挣扎着才能呼吸。

人类手臂的重量平均是9磅。这就意味着在重返大气层时，佩吉·惠特森的手臂重达72磅。用航空航天医学先驱奥多·高尔的话说："基本上在8G以上时，人只有手腕和手指是动得了的。"也就是说宇航员在这时很有可能单纯因为无法移动手臂操作控制面板而死亡。惠特森将危险说得轻描淡写。但是在采访过她几个星期后，我遇到了一位航空军医，他给我看了在那次事件后不久拍的照片。惠特森看上去，用他的话说，"耗尽了气力"。他给我看的第二张照片是联盟号太空舱撞在地上形成的坑，看上去就像有人想在哈萨克草原中间修一个游泳池一样。

下来和上去一样惊险。

第 7 章 太空舱里的尸体

NASA 来到撞击测试实验室

撞击模拟是一个满是金属和男人的世界。俄亥俄州交通运输研究中心里的模拟器位于一个飞机库大小的叮当作响的房间里，里面几乎没有地方可坐，可坐的也都是硬板凳。这个房间里除了装在中间轨道上的碰撞橇和几个戴着护目镜，永远端着咖啡杯走来走去的工程师外就没什么了。除了警示灯和警告标志上的红色和橙色外，连颜色也很难找到。

尸体看上去似乎有家的感觉。实验对象F穿着蓝色的雾中水果牌内裤[①]，没穿上衣，仿佛在自己家里一样。他看上去无比放松，放松得跟个死人似的。哦，他就是个死人。他微微倒在椅子里，双手搭在大腿上。如果F还活着，他应该就没办法这么放松了。几小时后，一块红杉木大小的活塞将一团加压的空气射向绑着F的椅子。冲击力和椅子的位置都能根据研究员要求的撞击情景来调整：比方说，以每小时65英里的速度迎头撞在一堵墙上，或者一辆车以40英里每小时的速度撞上另一辆车的侧面。今天讲的是NASA新的猎户座太空舱从太空中掉到海面上的故事，F可以扮演宇航员啦。

就太空舱来说，每次着陆基本都可以算是迫降。因为太空舱和飞机或者航天飞机不同，太空舱没有机翼，也没有起落架。猎户座太空舱有推进器可以纠正它的轨迹或者减缓从轨道掉落的速度，但是这种推进力远不足以减缓着陆。在太空舱回到地球大气层时，它那宽阔的尾部首先进入浓密的空气；摩擦力会将它的速度减缓到可以放出降落伞而不被撕扯坏的程度。放出一系列降落伞后，

---

① 译者注：Fruit of the Loom，一个美国服装品牌，主要做内衣产品。

太空舱飘落入海，如果一切顺利的话，这种着陆的感觉就像一场轻微的小车祸——也就2~3个G，撑死了7G。

降落在水上要比降落在土地上更柔和。弊端则是海洋太难以预测，万一太空舱在降落过程中被巨浪拍到怎么办？所以既需要保护太空舱的乘客们免受降落的冲击力伤害，又需要防止侧面落下或大头朝下的降落带来的冲击。

为了确保无论大海有多狂野，猎户座太空舱的乘员都不会受到伤害，冲撞测试人体模型们——还有晚些会参与进来的尸体们——要在交通运输研究中心这里乘上一个模拟的猎户座太空舱座椅。着陆模拟是研究中心、NASA和俄亥俄州立大学损伤生物力学研究室合作建立的。

F坐在活塞轨道旁一把高高的金属椅子上。研究生康允石站在他身后，正在用一把艾伦扳手将一块手表大小的仪器装在他一块暴露在外的脊椎上。这些仪器将和粘在他胸前各种骨头上的应变计一起，测量出冲撞产生的冲击力。傍晚的扫描和尸体解剖会让人了解这种冲击力造成的所有伤害。康昨天晚上就忙活尸体的事忙到很晚，今天一早又在忙，但是他很投入而且兴高采烈。他的个性既乐天又好强，这样的个性特点能让他自己独立完成计划，但很难创造出什么东西来。他戴着方框眼镜，长长的刘海沿着脸的两边垂下来。他戴着手套的手指上满是脂肪的油光。脂肪使康的工作变得很难——因为脂肪很滑，而且到处都是。他已经在这个托架上忙活了半个多小时了。死人的耐心是无穷的。

F的侧轴将受到撞击。想象桌上足球里的一个玩偶——那种胸腔侧面被杆子穿起来的小木头足球运动员，这根杆子就是这具尸体的侧轴，就好像这个小木头人开车出去兜风，结果在十字路口被另一辆车从侧面撞上。他的身体和器官——如果他有的话——将会沿着这根杆子从左边或右边飞出去。如果是迎头撞上或者追尾的话，他的身体和器官应该会沿着横轴飞出去——从前向后，或者从后向前。研究人员接触到的第三种轴是纵轴，也就是沿脊椎方向的轴。假如这个小木头人正在操纵直升机，然后直升机熄火了，直直落向地面，那么他的心脏会像蹦极一样将他的主动脉拉下去。还是老老实实踢球最安全啊。

由于降落时，宇航员是靠在背上的，所以落入海中的太空舱在正常情况下应该会产生横轴力——从前向后——这是目前为止人体最容易承受的角度。（在躺着的情况下，整个后背都受到支撑和固定，这样与坐着或站立导致的纵轴受力相比，他们可以承受3~4倍的引力——高达45G每十分之一秒。）[①]

然而，通常冲击不只会造成一根轴受力，而往往是两到三根轴都在受力。（虽然模拟实验一次只对付一根轴。）如果把海中的巨浪加入太空舱着陆的场景中，你就需要考虑多轴受力的情况了。有一个模式对NASA必须要计划的冲击很有帮助，这个模式就是——赛车事故。我去俄亥俄的那一周，纳斯卡的卡尔·爱德华

---

① 作者注：因此在电梯掉落的事故中，最佳逃生方式是仰面躺下。坐着不太好，但是比站着要强，因为屁股是天然的减震器。肌肉和脂肪是可以压缩的，它们可以帮助吸收冲击带来的G力。至于在电梯着地前跳起的方案，它只能延缓不可避免的东西。另外，这样当电梯着地时你的姿势会是蹲着的。在民用航空医学研究所1960年的一次研究中，人们发现在下落的平台上，蹲着在G力相对较低的情况下就会造成“严重的膝盖疼痛”。“显然屈肌……成了撬开膝盖关节的支点。”研究员们的记录中充满了兴趣，并没有明显的遗憾情绪。

兹以每小时200英里的速度撞上了另一辆车，他自己那辆车被高高抛向空中，像一枚抛出的硬币一样急速翻转，最终摔进了墙里。而爱德华兹若无其事地从车里爬出来，小跑着离开了车子的残骸。这怎么可能？引用最近一期《斯塔普撞车期刊》上的文章来说，是因为“一套贴身且支撑非常完好的驾驶座包裹”。注意用词：包裹。在一场多轴冲撞中保护一个人和在运输中保护一个花瓶的原理是一样的。你不知道联合包裹的人会把它丢在什么东西上，你只能把它里里外外全都固定好。赛车手都是被一根安全腰带、两根肩式安全带和一根防止他们从安全腰带中滑落的胯部固定带紧紧绑在适合他们体型的座位上的。有一套汉斯（HANS，头颈部保护系统）装置防止他们的头部前移，座位侧面还有许多垂直的支撑物，防止他们的头部和脊椎左右摆动。

NASA的一位生存能力专家达斯汀·高默特花了很多时间跟为赛车设计约束系统的人讨论。这周，他和两名同事从约翰逊航天中心跑去看模拟。高默特同意在康和另外3名学生装备F的时候回答一些问题。高默特有着蓝眼睛黑头发，还有在对录音机讲话时通常不会表现出来的鲜活的得克萨斯式的才思敏捷。他在回答我的问题时正襟危坐，一动不动，仿佛单单是谈论躯干保护问题就足以把他按在椅子上了。

早些时候，NASA放弃了为猎户座装赛车座位的想法。因为赛车手是直坐在车里，不是后躺的。而直坐对于在太空中待了一段时间的宇航员来说不是个好主意。平躺不仅更安全（反正你也不用把握方向盘），而且可以保护宇航员不会眩晕。腿部肌肉静脉在站立时通常是收紧的，以防止血液聚积在脚部。在过了几周没有重力的生活后，这种功能就会懒得工作了，而身体的血液量感应器又是在上半身的。在没有重力的时候，更多的血液会在上半身聚积；感应器会将这种状况误读为血液过量，就会发出指令切断造血。宇航员在太空中比在地球上要少用10%~15%的血液，而在太空中待久了再回到有重力的地方，血液量低加上静脉偷懒就会导致宇航员头昏眼花，这叫作直立性低血压，这有时候很丢人的。宇航员有时在完成任务后会在记者招待会上晕倒。

而穿着宇航服躺在一把非常安全的椅子上也有问题："我们将一把赛车椅放倒，上面放上一个人，然后问他：'你出得来吗？'"高默特回忆说："这就像把一只乌龟四脚朝天放在地上。"几个月前，我在约翰逊航天中心观察一套宇航服样品水平脱离（从太空舱出来的）测试的时候，发现"乌龟"这个词真的被当作谓语在用，比如"我有点乌龟了"。

能够迅速逃出太空舱主要是以备不时之需：比如太空舱沉入海里，或者着火的时候。上一次出问题的太空舱是联盟号。在2008年9月带着国际空间站第16和第17考察队的队员返回地球时，（一直以来，在没有航天飞机的时候，NASA就给俄罗斯联邦宇航局付钱让他们把国际空间站上的队员带回家。）联盟号进入大气层出位——就像1969年带着鲍里斯·沃里诺夫的那次一样。出位干扰了通常用来平缓过程并减缓再入和着陆的气动升力，再入过程给队员们带来了整整一分钟的8G体验——正常情况下最高也只有4G——着陆时的撞击更是达到了10G。太空舱远远偏离了它的预定降落地点，落在了哈萨克大草原上的一块旷野里，撞击造成的火花还引起了一场草地火灾。

联盟号的座位就像赛车座位一样，头部两边都有约束，长度和躯体长度一样，这样它会更安全，除非你要抓紧从里面逃出来。“我都计划好了。”探险队16指挥官佩吉·惠特森在一次电话采访中告诉我，“我想：‘我要解开安全带，把我的手撑在这里，然后把脚放下去。’当然，这些都没起作用。我直接掉到了最底部，头和肩膀还卡在联盟号的座位里，腿向上，架在舱口。”重力一点也没帮忙。“过了6个月，你都忘了东西该有多重了。连你自己多重也不记得了。”在失重几个月后，你还会忘记腿该怎么用。“你的肌肉不记得该做什么了。”而宇航员根本没有后勤人员跑过来帮他们逃离废墟[①]。幸运的是，风是吹向远离他们的方向的，而草地上的火很快就自己灭了。

因为担心纳斯卡式的肩部垫枕可能会增加宇航员逃出舱外的时间，而这样太危险了，所以高默特和他的同事们做了一些测试，看只装头部垫枕会怎样。他们是用撞击测试人偶做的这些测试。高默特管它们叫“人体模特”，让我开始想象它们在商场里穿着服装摆在那里的样子。眼下这行可不好做。高默特跟我讲了慢动作镜头下的样子。“头部固定住了，而身体还在向前移动。我们真的

① 作者注：惠特森和她的队友，尽管没想到，还是有人帮忙的。在落地后不久，她感觉到有人把她从舱里拉出来。“我想：‘太棒了，搜救小组的人已经到了。’他们把我放在铯高度计旁边。感觉很奇怪，因为我们一直听说要离铯高度计远一点的。于是我开始看搜救小组的人……其中一个的裤子上缝了个好像粗麻袋的东西，真的。原来他们是当地的哈萨克居民。”有一个人会说一点俄语。他问惠特森的队友尤里·马连琴科：“这艘船是从哪儿来的？”（火已经把降落伞烧光了。）“尤里说：‘这个不是船，是宇宙飞船。我们从太空下来的。’然后那个人说：‘Nu，ladna。’意思差不多就是‘好吧，随便吧。’”

很担心人体模特还撑不撑得住。”于是作为折中，他们保留了肩部垫枕，但是按比例缩小了尺寸。

纳斯卡的座位是根据每位车手量身定做的，但是如果给宇航员也量身定做的话，开销太大了。联盟号的座位也折了中：座位的模子统一做，但是根据每位太空人的身材加填充物。可是座位还是要能装得下模子才行啊，结果就限制了太空人的身材。“俄罗斯宇航员的身材范围要窄得多。”高默特深思着说。在我们聊天的时候，座位（和宇航服）的尺寸已经要求可以适合任何身材了，从第1个百分位的女性到第99个百分位的男性都包括进去，也就是从4英尺9英寸到6英尺6英寸[①]，虽然站立身高只是其中很小的一个方面。一个能够支撑和限制整个身体的座位系统必须也要能适合从第1个百分位到第99个百分位的臀部到膝盖的长度，还有第1到99百分位的胸高、脚长、臀宽，以及另外17种解剖学参数。[②]

情况也不总是这样。阿波罗宇航员的身高就必须在5英尺5英寸到5英尺10英寸。这个限制简单且毫无弹性，就像政府版的游乐园设施标志一样：乘坐者身高必须超过此线。这就意味着许多其他方面都合格的候选人单纯由于身材原因而不能参与这项太空任务。对于今天那些对政治正确性敏感的人来说，这有点歧视的意味。

---

① 译者注：1.49 352~2.01 168 米。

② 作者注：不会根据阴茎大小来挑选宇航员。为男士设计的安全套式尿液收集系统由导管贴在舱外行走服里面，它有 3 个尺寸，应该任何人都能找到适合自己的那种。为了避免宇航员由于怕丢人，实际是 S 号的人选了 L 号这样的事故发生，这 3 种尺寸里没有 S 号。“只有 L 号、XL 号和 XXL 号。”汉胜公司的宇航服工程师汤姆 · 蔡斯说。阿波罗时期可不是这样的。在尼尔 · 阿姆斯特朗和巴兹 · 奥尔德林留在月球表面的 106 件东西中，有 4 个尿液收集装置——2 个大号的，2 个小号的。谁用的哪个至今仍是一个谜。

而对达斯汀·高默特来说，这只是常识的意味。按现状来看，NASA要花几百万美元和工时才能让座位充分可调。而座位越是可以调整，基本上，它就越脆弱，也越沉重。

帮宇航员再抱怨一句，跟赛车手不一样：宇航员的衣服里有一个吸尘器[①]——有洞，有喷嘴，有耦合，有开关。为了确保宇航服里坚硬的部分不会在着陆过猛时伤到宇航员柔软的部分，F还要穿一套模拟宇航服：一组用布基胶带缠在他脖子上、肩膀上、大腿上的圆环。那些圆环模拟的是宇航服的活动轴承，或者叫关节。（明天的尸体，现在还在解冻[②]，将穿着装备有"脐带缆"——生命支持用的洞和耦合——的背心。）今天的一个特别关注点是，考量在侧向着陆时，活动轴承会不会撞到座位的肩部垫枕，从而撞进宇航员的手臂，折断一根骨头。[③]

---

① 作者注：还有尿布。虽然赛车手并不会因为没有尿布就尿在自己的衣服里。"人们经常这样。"丹妮卡·帕特里克在《女性健康》的一次采访中说。除了丹妮卡自己，"我去年试过一次。"她解释说当时在摇黄旗（要赛车减速并跟着引导车走的标志，通常是因为出了事故。），理由足够充分。"我就想'……想做就做吧。'"耐克可没有请丹妮卡做代言啊！（译注：想做就做即Just do it，耐克的广告词。）

② 作者注：你要怎样才能知道尸体解冻好了没呢？博尔特将一根温度传感器插进气管。当内部温度超过60度时，它就解冻好了。如果没有温度传感器，也可以将"温度计插进直肠"，或者动一动胳膊、腿的，看关节是不是能够灵活移动了。两到三天（在冰箱里，拜托一定要放在冰箱里）一般就能解冻好了。

③ 作者注：要小心夹在中间的硬物。1995年4月的一期《创伤学刊》中写道了一个人，在他宝马车的安全气囊展开时，他的烟斗就在安全气囊和他的脸中间。烟斗杆的一块碎片射进了他的眼睛，导致"眼球撕裂"。作者是一名瑞士医生，他的眼紧盯着细节，他注意到"地板上到处都是烟草"，而伤口看上去就像"被尖锐的牛角穿过"一样。论文还列出了一系列"适宜行为"的劝告："不要用杯子喝东西，……不要在腿上放东西，不要在开车时戴护目镜。"我不是想钻牛角尖，但是眼镜在开车时所给予的保护要比造成的伤害多。

高默特解释了圆环关节是怎样起作用的，怎样能让宇航员举起手臂。加压宇航服就是一个身体形状的重型气球——不大像是衣服，更像一个小型充气房。里面压力加满，如果没有某种关节的话，就完全无法弯曲。当前使用的宇航服在肩膀处有金属环，金属环可以前后扭动，这样宇航员就能把手臂抬起来放下去了，就像老式洋娃娃的手臂一样。当然我是这样类比的，高默特可不是。在之前的对话里，我把NASA大小不同，逐一挑选的宇航服配件比作最近出现的比基尼上下装混合搭配购买。“我没买过比基尼。”高默特小心地指出这点，“但是听上去应该没错。”

约翰·博尔特并不是第99百分位，不过他块头也相当大。当他开着我那辆租来的小破车，我对天发誓他得弓着身子压在方向盘上，那车才能装得下他。他一边开车一边在看短信，了解他大儿子棒球比赛的最新得分情况。我相当确定如果他把车开出了马路，整个车会在他周围皱成一团，然后他不紧不慢地从废墟中走出来说：“八局下半，九比三。”

博尔特刚刚从俄亥俄州立大学过来，他在那里负责生物力学研究实验室的运转。他是过来检查学生工作并在点火前帮助做一些活塞最后准备的。他穿着医院穿的那种消毒服，头上戴着一顶帽檐朝后的棒球帽。他正在帮忙给F穿衣服，将这个死人的拳头穿过一件秋衣揉成一团的袖子，他将这项任务比作给他5岁的孩子穿衣服。

现在的问题是怎么把F放进冲击橇上的座位里。想想怎么把不省人事的醉鬼塞进出租车就知道了。两名学生抬着F的屁股，博尔特用手托着F的后背。博尔特仰面躺着，举起弯曲的双腿，就跟他的椅子翻了似的。

活塞已经在F的右边准备就绪；他将受到沿横轴方向的冲击。“横向撞击是非常致命的因为……”高默特停了下来。“我不应该说撞击这个词。”NASA比较喜欢的说法是“着陆冲撞”。（NASCAR则偏爱“接触”。）“NASA必须训练这些人。”博尔特一度感到很惊讶，“你问他们一个问题，然后你能看到他们停顿下来在思考这个问题的答案。”博尔特不是这样的。今天到现在我最喜欢的一句话就是博尔特说的：“他有哪个重要部位严重漏水吗？”

那么横向“冲撞”到底是哪儿致命了呢？答案是弥漫性轴索损伤。头部在没有安全防护的情况下甩来甩去时，大脑会前前后后地撞击头骨内侧，大脑是会挤压变形的。与迎面冲撞相反，在横向冲击中这种挤压会拉扯连接大脑两叶间回路的长神经元延伸，也就是轴突部分。轴突因此肿胀，如果肿胀太过厉害，你就会昏迷而死。

心脏也会发生类似的问题。心脏在充满血液的时候足足有四分之三磅重。与迎面冲撞相反，侧面冲撞中心脏有更多空间可以在主动脉上甩来甩去[①]。如果主动脉拉伸过度而心脏又恰好充满沉重的血液时，心脏可能会脱离主动脉，高默特叫它“动脉骤脱”。这种情况在迎面冲撞中就较少发生，因为迎面方向胸脯相对较平，心脏会被夹在自己的位置上。心脏在纵向冲撞中也会脱轨，就像在直升机下降时会发生的事情一样，因为心脏在纵向也有足够的

---

① 作者注：它动得有多厉害呢？幅度大到有时候你都可以感觉得到。在阿波罗时期的一项关于突然减速（急刹车）的研究中，24 个研究对象有 5 名抱怨说他们有研究员所说的“腹部内脏移位感”。

空间可以向下拉，直到超出动脉的承受范围。

F终于准备好了。我们全部上楼，在控制室里观察这一过程。头顶一组灯光打下来，带着某种戏剧化的氛围。实际上撞击本身算是虎头蛇尾。因为造成撞击的实际上是空气[①]，冲击橇试验出乎意料地安静，这是没有撞击的撞击。而且这种撞击非常快，快到眼睛基本看不出什么来。人们用高速录影机拍下视频，看的时候再用极慢的速度回放。

我们都凑到屏幕前去看。F的手臂在肩膀的支撑物下面，原本放胸腔支撑物的地方向上弯着。他的手臂看上去就像多一个关节似的，以手臂不应该弯的样子弯曲着。“这可不好。”有人说，这个问题总是一再出现。就像高默特说的：“座位间的空隙都让身体器官填满了。”（后来发现F的手臂没有折断。）

F在伤害最高峰时会经受12~15G的力量。高默特解释说，一场事故中受害者受伤的程度不仅取决于它承受了多少G的力量，而且也要取决于车辆需要多长时间才能停下来。如果一辆车撞到墙马上就停下来了，那么司机可能在一瞬间要承受大约100G的力量。如果车的引擎罩是会皱起来的那种——现在的车辆基本都采取了这项安全措施——那么同样100G产生的能量就会释放得更加缓慢，将最高冲击力减少到10G左右，这样存活率就很高了。

车子停止运动所花的时间越长越好——只有一种情况例外。

---

① 作者注：听上去会觉得很温柔吗？实际不是的。想想《老无所依》里的哈维尔·巴登就知道了。如果你没看过这部电影，就想想猪肉工在《今日医学新闻》的一篇文章里描述的用压缩空气冲击猪的头部，将大脑挤压出来的桥段。某个来源解释说：“这样可以‘乳化’大脑组织。”

要想了解这点，你需要清楚在冲撞中人体内部都会发生些什么。不同种类的组织由于质量不同，加速也有快有慢。骨头加速就比肉快。在横向冲击中，你的头骨会加速超过你的脸颊和鼻尖。你看拳击手头部侧面被打到时的定格画面就能看到了[①]。在迎头撞击中，你的骨架先动。你的骨架会被抛向前，直到安全带或者方向盘挡住它才停下来，然后它又开始向后反弹。大概在你骨架向前运动1秒钟之后，你的心脏和其他器官才会运动，这就意味着你的心脏在向前走的过程中会碰到向后运动的胸腔。大家都以不同的频率前前后后地动着，然后撞到胸腔又都在反弹，而且一切都发生在几毫秒的时间里。速度快到弹和反弹这两个词都用得不对，里面的东西应该说是在振动。

高默特解释说，最大的危险在于，如果这些器官中的一个或几个振动频率开始跟它的共振频率一致了，就会使振动扩大。当一名歌手唱到一个跟酒杯的共振频率一致的音时，玻璃杯就会振动得越来越厉害。如果这个音唱得足够响亮，并且持续了足够长的时间的话，这个玻璃杯就会将自己摇散。如果你跟我一样老的话，请回想美瑞思的那一则有艾拉·费兹杰拉和爆炸的红酒杯的广告。在撞击事件中，同样的事情会发生在一个达到共振频率的器官身上，它可以把自己摇下来。甚至更糟，在为细节争辩了好几次

---

① 作者注：在一篇叫作《人类头部受到撞击而加速的自愿容忍》的文章中，11位研究对象，其中至少有一位穿着西装打着领带，被9磅和13磅钟摆打到头部。作者写的是：“头部骨性结构加速远离较柔软的部分，脸部观察到可见变形。”我们应该好好感谢这些人。早期对头部撞击的调查中，尸体的帮助很有限。你没法让尸体七七倒数，也不能让尸体说出总统的名字，而且你永远也不会知道他头有多痛。

后，高默特说："本质上你是被搅死的。"

你可能会想：艾拉·费兹杰拉能把你的肝唱爆吗？不能。玻璃的共振频率相对比较高，达到了人耳可以听到的声波范围。人体器官的共振频率比较低，都在听不到的长波范围（也就是次声）里；从另一方面说，发射中的火箭倒是会发出强有力的次声振动。那么这种声波会把你的器官摇散吗？NASA在20世纪60年代还真做过这方面的实验，以确保——一位次声专家的原话是——"他们发射到月球的不是一团肉酱。"

博尔特的学生们正在将F推上一个担架，将他放进一辆白色厢式货车的后部。F要到俄亥俄州立大学医学中心区接受扫描和X光检查。整个过程就像给一个活人看病一样，不过是45分钟的等待和给钱的问题。

高默特凝视着F，他的表情很难懂。他是因为需要撞击一具尸体而感到不舒服吗？他转向博尔特，这我倒没想到。他说："你有没有把他们放在前座上，带着他们开车上过高乘载车道？"

我想起了今天早晨的一幅画面。博尔特的两名学生汉娜和麦克站在F旁边，有说有笑地整理着F的骨头旁那一团应变仪长长的细金属丝。那幅场景看上去一点也不可怕，反倒带着一种舒服的，家庭般的氛围，就像一家人在整理圣诞树上的彩灯串一样。学生们如此放松让我感到震惊。对他们来说，尸体属于某种介乎中间的分类：算不上是一个人，但是大于一个人体组织。F还是一个"他"，但是你不用担心会伤害到他。汉娜对他的态度特别可爱。当晚他们把F放进CT扫描机时，有自动播放的录音指示说："屏住呼吸。”汉娜说：“这个他擅长。”很有趣，也从侧面认可了死人异乎寻常的才能。

NASA的小组就没这么轻松了。除了测试（及合乘的部分）外，他们几乎不会提到他，而且提到的时候用的代词通常也是它。获准进入这里需要跟NASA的一名公共事务官发上几个月的邮件，并在早上到达时那一阵令人紧张的电话中达到高潮。死人让NASA很不舒服。他们在文件和公开资料中都不用“尸体”这个词，而选用新出的比较委婉的“已故人类对象”（或者更小心地用PMHS[①]）。我猜部分是因为它引发的联想。宇宙飞船里的尸体会让他们想起那些他们不愿回顾的事情：挑战者号、哥伦比亚号、阿波罗1号的起火。还有一部分原因是，他们不习惯。我在过去25年的航空航天医学研究中只碰到过一次用人类尸体做研究对象的。那是1990年，一个装着计量仪的人类头骨乘着亚特兰蒂斯号航天飞机升空，以帮助研究员确定在环绕近地轨道航行时，会有多少辐射穿过宇航员的脑袋。研究员们担心宇航员会被这个斩了首的同伴吓到，就在头骨外面裹了一层粉兮兮的塑料，做成一张脸的样子。“做出来的那东西比纯骨头要恐怖多了。”宇航员迈克·穆莱恩说。[②]

在阿波罗时代，用死人做太空舱冲撞研究令NASA不舒服的程

---

① 译者注：已故人类对象 postmortem human subject 的缩写。

② 作者注：NASA 不愿意用尸体做研究还有一个原因：宇航员。“我飘进睡袋，把手臂伸进臂环，然后把头伸进袋子。”穆莱恩写道，“皮普和戴夫就把那个头骨粘在上面……他们悄悄把睡袋飘到驾驶舱，把我放在约翰·卡斯佩尔后面。约翰正在操纵仪表板。他转过身看到一个挥着手臂的东西正冲着他的脸，他吓了个半死。后来，我们（把它）固定在厕所上了。”如果你一辈子只读一个宇航员的回忆录，一定要读穆莱恩的。

度显然超过了他们用活人做实验的不舒服程度。1965年，NASA跟空军合作进行了一系列与今天的实验非常相似的实验——只不过他们用的是活人志愿者。来自霍罗曼空军基地的79个人戴着头盔和其他宇航服配件坐在冲击橇上一个仿制的阿波罗太空舱座位上，他们经受了288次模拟溅落：大头朝下、右边朝上、背面的、正面的、侧面的、45度角的。最高冲击力一度达到了36 G，比实验对象F今天经受的最大冲击12～15 G高出一倍还多。

约翰·保罗·斯塔普上校是人类冲击承受力研究项目中的一名志愿者，他在一篇通讯稿中轻描淡写地总结了这个项目："应该这样说，几个僵硬的脖子、抽筋的后背、淤青的手肘，还有偶尔的几句脏话换来了阿波罗太空舱的安全，让3位宇航员在第一次月球之旅中，只担心未知宇宙中的风险就够了。"

我认识一个人，他曾戴着一个阿波罗头盔，以各种不同的姿势6次坐上霍罗曼的雏菊冲击橇。他叫厄尔·克莱恩。厄尔·克莱恩今年66岁了。他最后一次坐冲击橇是在1966年——25 G。我问克莱恩有没有落下什么病根，他回答说他一点问题也没有，但是随着谈话的进行，还是慢慢有问题显现了出来。直到今天，克莱恩的肩膀还在疼，那是当年承受侧向冲击造成的。他被解雇的时候，已经发现有心脏瓣膜撕裂，还有一只眼睛"有一点脱出来了"。

克莱恩仍对那些耳鼓膜破裂的人，还有那些大头朝下坐在阿波罗座位上，"屁股朝天"结果胃部破裂的人深表同情。

克莱恩毫无悔恨，也没有去申请残疾人补助。"我做出了贡献，我很骄傲。我愿意这样想：他们在乘着阿波罗号上天的时候，他们的头盔没碎没什么的，因为我都测试过了。"斯塔普时期的一名叫作图尔维尔的实验对象也在一次报纸采访中表达了类似的感受:“只要我知道这样做可以保护我们的阿波罗宇航员在着陆时不受伤害，我不介意有几天腰疼得睡不着。”图尔维尔承受过25 G的冲击力，有3节脊椎周围的软组织都有挤压性损伤。

光荣感之外的激励来自丰厚的危险任务津贴。霍罗曼空军基地的一名叫作比尔·布里兹的兽医说他每月有100美元的补助。克莱恩最多时一周坐3次冲击橇，每月可以多赚60~65美元。不过考虑到他当时的基本工资才72美元，这算很大一笔钱了。“我过得像个军官一样。”克莱恩告诉我，还加了一句，想当雏菊冲击橇志愿者的队伍长着呢。而在丹佛的斯坦利航空中心，情况就不一样了。NASA在那边也有签约做一些着陆冲击研究。模拟太空舱会被高高吊起，然后掉下来落在不同压缩系数的平面上，以观测万一太空舱没落在水面上，而是落到了土地上或者碎石上或者温迪克西百货的停车场上，宇航员们需要应对什么样的伤害。布里兹告诉我，在那边，补助只有25美元。“他们找的都是贫民区的游民!”你可能会觉得给穷人低薪水的负面新闻对NASA来说比用尸体做实验的新闻更可怕，但是那时情况跟现在不一样。无家可归的人那时还被叫作“游民”或者“流浪汉”，而尸体指的是躺在缎面枕头上的人。

第一名从太空舱着陆事故中生还的美国公民经受的冲击力比任务计划人员预计的冲击力多了3G。他的太空舱比预计弧线高出了42英里，降落地点偏出轨道442英里。救援船找到它的时候已经两个半小时过去了，太空舱进了800磅水，有一部分没入了水中。

工作人员怀着巨大的不安打开了舱门。我们的太空旅行者还活着！一回到基地，他马上投入了空军军士长艾德·迪特蒙张开已久的怀抱。

这名宇航员是一只3岁的黑猩猩，名叫哈姆。（迪特蒙是哈姆的训练员。）哈姆的意义当然不只是第一次太空舱着陆失误那么简单。他还是第一名乘着太空舱进入太空又活着回来的美国公民。照此而论，他让水星计划的宇航员们耀眼的光芒稍微黯淡了那么一点点。而哈姆备受关注的飞行向所有人证明了一点：并不是宇航员飞了太空舱；而是太空舱飞了宇航员。哈姆，还有他那比约翰·格伦早了3个月环绕地球飞行的宇航猩猩同胞伊诺斯，将一场至今未曾休止的辩论摆上了桌面：宇航员的存在有必要吗？

第8章 一毛当先

哈姆和伊诺斯奇怪的职业生涯

约翰·P. 斯塔普航空航天公园里全都是会让你受伤的东西。11个带有历史意义的火箭头四周环绕着多刺的肉质沙漠植物。沿着碎石路走下去，你可以看到一个个标牌：仙人球、小乔、暗红刺猬。但从这些名字上很难看出哪个是哪个。土耳其头到底是个仙人球呢还是一种军火呢？再往山下走25码（1码=0.9 144米），类似的困扰又会冒出来。旗杆下的标志指引着公园入口及毗邻的新墨西哥州航空历史博物馆。人行道尽头是一块青铜墓碑，上面写着：世界首只宇航猩猩哈姆。[①]宇航猩猩是个难以理解的概念，人们不太确定应该怎么看待它们。是拿它们当猩猩呢，还是当宇航员呢？研究用的动物呢，还是国家英雄呢？这个问题至今无解。有的人在墓碑前放了一篮鲜花，也有人放了个塑料香蕉。

也难怪他们搞不清。哈姆和伊诺斯的职业生涯——它们两个在1961年进行了美国历史上首次亚轨道飞行（一月）和轨道飞行（六月）的带妆彩排，在某种程度上，绝不亚于艾伦·谢帕德和约翰·格伦的职业生涯。这两只猩猩和此后跟着它们上天的两名宇航员并没有一起参加训练，其实本来有可能一起的。它们在同样的高空模拟室里待过，在同样的飞机上进行抛物线飞行零重力训练，在同样的旋转离心机和震动台上适应过噪声、震动及起飞加速度。而那一天到来的时候，宇航猩猩和宇航员们可以一起穿戴

---

① 作者注：加个逗号应该会好一点。“宇航猩猩哈姆”搞不好会被理解为用死掉的研究动物做成的火腿（译者注：哈姆“Ham”这个词有“火腿”的意思）。而且这种事情真的是有先例的。曾经有一起叫作“烧烤项目”的惊人事件造成了很不好的公众影响，在1952年一项安全带测试项目中死在空军冲击橇上的猪当晚就出现在了食堂里。

整齐，走过塔架，进入同一辆蒸汽拖车。

对这两个物种来说，驾驶任务都不存在。水星计划的太空舱，用哈姆的兽医比尔·布里兹的话说："不过是颗子弹罢了，根本不能算飞上天的机器。"把它们打上去，打开降落伞，然后看着它们落回来，[1]如此而已。至于人和黑猩猩，布里兹说："他们都是船上的有机体。"水星计划的科学是V-2和空蜂，以及作为准备的抛物线飞行的一种延伸。航天生物学家已经确定人类在没有重力的情况下能够正常运转几秒钟。但是如果失重一个小时、一天、一周又会怎么样呢？猩猩宇航员时代的布里兹说："人们都问：为什么？玛丽，我们真的不知道。"较长时间的太空旅行会给人带来什么影响呢——不只是失重，还有宇宙辐射呢？（高能原子粒子自大爆炸起就在太空中以惊人的速度横冲直撞到现在了。地球磁场可以使宇宙射线转向，我们因此受到了保护。但是太空中，这些无形的子弹可以畅通无阻地穿透细胞，造成突变。这种影响大到什么程度：宇航员是被归类为辐射工作人员的。）

正如阿尔伯特们为水星计划的宇航员打下了基础，哈姆和谢帕德他们为双子星座计划的宇航员铺平了道路。前赴后继，生生不息。双子星座计划为阿波罗计划铺平了道路。6个月的空间站任务为最终奔向火星的漫长旅程铺平了道路。沿途的每次太空计划都为行星科学提供了机会，但是在探索太空这个大背景下，每项计划都是在为以后更长、更远的旅程做基本练习罢了。

---

① 作者注：其实驾驶太空舱的任务本来可以由宇航员通过定向推进器来完成，但也不是非得这样不可。也可以把太空舱开到自动驾驶状态然后通过地面进行控制，也就是宇航员迈克·柯林斯说的"猩猩模式"。

零重力在当时还是吓到NASA了。“失重是大魔王。”约翰·格伦在1967年美联社的一次采访中说。“许多眼科专家认为失去重力后眼睛的形状会发生变化，从而改变视力，所以一个人到了太空之后可能就什么都看不见了。”这也是为什么，如果你看看格伦搭乘的太空舱内部，你会发现仪表板上用胶带贴着一张小号的斯内伦标准视力表。当时人们要求格伦每20分钟就读一遍那张表。同时舱内还有测试色盲和测试散光的设备。我以前听到格伦那次历史性的飞行时，心里还在想：“天啦，作为NASA首位环绕地球轨道飞行的宇航员，那得是什么感觉！”现在我知道了，就是看眼科医生的感觉。

重力过多——也就是发射和再入时几倍的G们——也让NASA很伤脑筋。一名宇航员需要在出现问题时能够到仪表板。那么如果他伸出的手臂不再重9磅，而是重达70磅了，他还能举得动它吗？这也是为什么哈姆（还有后来的伊诺斯）花了好几周的时间练习一个动作：在整个飞行过程中不断将手伸到一个控制板上去拉杠杆。同时拉杠杆也能让研究员们及时发现猩猩们在飞行过程中是否有认知衰退的迹象。他们需要确定零重力跟其他还不知道是什么的因素加在一起不会扰乱一名宇航员的方向感，也不会减缓他的反应时间。

由于水星计划的宇航员都是优质高端的军队试飞员，这种担忧并没有持续多久。这些人虽然没去过太空，但是他们在太空的门口待得够久了，他们很有信心自己不会有事。作为试飞员，他们在爬升和俯冲时所经历的G力（加速度作用力）比他们在水星计划中需要面对的作用力都更强也更持久。他们丝毫不担心他们的能力，如果真有什么担心的话，他们唯一担心的就是他们的坐骑。自从飞行前两个月起，将要载着谢帕德的太空舱升入太空的红石火箭就不断出现导航系统问题，在最后关头还有7次硬件改装是未曾测试过的。这也是NASA先送猩猩们上天的原因之一。（他们很快就后悔了。就在艾伦·谢帕德升空前3个星期，太空人尤里·加加林成了第一个进入太空的人类。）

哈姆的飞行——主要是对这次飞行的广为宣传——意味着宇航员，美国的英雄，不过跟一只光环笼罩的黑猩猩差不多。"被黑猩猩抢在了前面让他们士气大伤。"比尔·布里兹告诉我。宇航员们肯定希望那次发射上去的只是个沉默的傀儡。在哈姆飞行前的几个月里，人们发射了一艘装载着"机组成员模拟器"①的太空舱，这个模拟器会"呼吸"，吸收氧气，释放二氧化碳，以检验驾驶舱传感器的灵敏度。其实要含沙射影的话完全可以说这人做的是假人都会干的活，但是媒体满篇都是猩猩宇航员，没怎么提假人的事。谢帕德和格伦爬进太空舱的时候，香蕉饲料配出器已经撤

---

① 作者注：模拟宇航员是从苏联"伴侣号"人造地球卫星时代就开始了的一个传统。苏联人在试飞的时候会装载一个叫作伊万·伊万诺维奇的人体模型，有时还会带上一卷录音来测试声音传输状况。一开始他们想放一盘唱歌的磁带，以便西方监听站清楚太空舱里的不是间谍。但是有人指出这样可能会造成谣言四起，让人们以为里面是一个神经了的太空人间谍。于是录音又换成了合唱队的。即使是再容易上当的西方情报人员也知道，一颗"伴侣号"人造卫星里是塞不下一整个合唱团的。为了保证足量足价，还加进了一个阅读一道俄罗斯浓汤食谱的声音。而那名叫伊诺斯的模拟宇航员环绕地球的时候，检查声音的磁带说的是："船长，来。我是宇航员。在窗前，景色棒极了……"紧接着就是肯尼迪总统向世界宣布："黑猩猩于10：08升空。报告说一切井然。"无疑，克格勃中谣言四起说里面有一个神经了的美国总统。

掉了，但是耻辱仍在。职业战斗机飞行员查克·耶格尔一语中的，一鸣惊人："我可不想在爬进太空舱前还得先把座位上的猴子屎擦干净。"

宇航员工作生活的地方在肯尼迪太空飞行中心著名的S号飞机库，虽然哈姆和伊诺斯以及他们的替补生活和训练所在的拖车就在它旁边，布里兹说在他印象中，他跟艾伦·谢帕德交谈的次数不超过两次。"我们没什么交集。"伊诺斯的兽医杰瑞·菲乃格表示同意，"他们不愿意承认我们也在那里。"关于猩猩的笑话都不大有人笑得出来。布里兹给我讲过一件事，说宇航猩猩和宇航员去发射台坐的是同一辆车，车里贴了一张小海报。"上面标注着艾伦·谢帕德的飞行轨道。我们非常小心地把哈姆的飞行轨道标注得更高更远。"（主要是机械故障导致哈姆飞得比计划高了42英里。）"我跟你说，真有人火了。那海报转眼就不见了。"水星计划的发射台指挥官刚特·万特有次在训斥谢帕德的时候威胁他说找个给香蕉就工作的家伙把他换掉算了，而谢帕德，据说，将一个烟灰缸甩到了他头上。

对于约翰·格伦来说，关于黑猩猩的笑话带来的困扰要比艾伦·谢帕德的困扰小得多，因为伊诺斯给媒体带来的轰动效应要比哈姆小得多。在哈姆上天的时候，一对苏联狗狗贝尔卡和斯特尔卡已经环绕地球后活着回来了，媒体对于美国在宇宙中具有里程碑意义的飞行简直迫不及待。所以当哈姆从溅落中活下来时，他们对他的描述不像是在说研究用的动物，更像是在说一位小小的，毛茸茸的宇航员。哈姆出现在了《生命》杂志的封面上，穿着他的网眼飞行服[1]，旁边是大标题："自信的哈姆：由太空重返地球"。人们接受了这种设定。无数给哈姆的信和鲜花还有礼物开始涌向霍洛曼空军基地的黑猩猩区，也就是哈姆飞行回来后住的地方。人们将他们的《生命》杂志寄过来，希望能得到哈姆的"签名"。霍洛曼的员工勇敢地答应了，他们将哈姆的小手印一遍又一遍地印在杂志上，印有哈姆小手印的《生命》杂志很多，这样一本杂志在易趣上只卖4块钱。（还很可能是假的：员工布里兹告诉我，他们担心哈姆会"累坏了"，于是就"在一段时间之后随便找只猩猩来按手印了"。）

报纸上关于哈姆的报道大概是伊诺斯的报道的5倍。"伊诺斯没有那种魅力，他也不是第一。"菲乃格说。因此，约翰·格伦的光环几乎没有受到他猴子前辈的影响。而且，格伦自己也会讲一些这方面的笑话，将这种不友善的比较转了个向。他给国会的一个人讲过一件很尴尬的事，就是在见肯尼迪总统时，总统的小女儿卡洛琳问他："那只猴子在哪儿呢？"[2]

---

① 作者注：哈姆和伊诺斯飞行时乘坐的是压力舱，所以不用穿压力宇航服，也不用戴头盔。然而，人们还是发明出了一些黑猩猩宇航服样品，包括传说中的"SPCA 宇航服"——经防止虐待动物协会认证的人道主义宇航服。"为了证明这套宇航服对人类安全，我们要拿黑猩猩做实验，而为了证明这套宇航服对黑猩猩安全，我们又得先拿人做实验。"《美国宇航服》的合著者乔·麦克曼在一封电子邮件里说，"简直就是个脑筋急转弯。"

② 作者注：小卡洛琳这个形象挥之不去。3个月前，大约在伊诺斯飞行的时候，杰基·肯尼迪为他女儿在白宫的第一次生日派对租了一只猴子，这一事件在当时被通讯社广泛报道。除了活猴子之外，派对上还有"果冻三明治"、口哨、"在白宫一楼上上下下"的三轮车；还有，但愿有，杰基吃的镇静药。卡洛琳无疑想要一只属于自己的太空猩猩。这个期望也很合理，尼基塔·赫鲁晓夫就给了她妈妈一只太空狗斯特尔卡做礼物。但也算是示威：斯特尔卡比伊诺斯早了一年多进入轨道。《太空中的动物》写道，白宫员工把那小动物搜了一遍又做了 X 光，"看有没有虫子或是导致世界末日的装备"。

哈姆有多少人宠爱，伊诺斯就有多不得人心。在各种通讯稿中，你简直能看出来菲乃格在不遗余力地想办法给伊诺斯树立一个正面形象。伊诺斯现在的名声都是“倔强”或者“坏脾气”，而菲乃格口中的伊诺斯则是“安静、寡言、群体的支柱”。

“他以前很坏的。”菲乃格告诉我。员工们给伊诺斯取了一个小名叫小鸡鸡伊诺斯。“因为他就是个混球。”

“意思是他是个屌。”

“没错。”

小鸡鸡伊诺斯这个名字出现在了《太空中的动物》一书中。但是作者们对这一名字的来源各执己见。他们说之所以有“小鸡鸡伊诺斯”这个名字，是因为伊诺斯酷爱手淫，还说为了阻止他这种行为，NASA在他轨道飞行的时候给他的“小鸡鸡”里插了一根气泡式导管。（哈姆和伊诺斯的整个飞行过程都是有摄像的。）后来杠杆系统失灵了，在压下杠杆时伊诺斯得到的是电击而不是香蕉丸，他非常郁闷，于是拔出导管，“对着镜头就开始自慰”。大概就这么个意思吧。

我花了几天时间不眠不休地在政府档案中寻找被标为x级的关于伊诺斯的片段。我找到了飞行中的哈姆和准备中的伊诺斯，但是完全没有伊诺斯在太空舱中拉杠杆的记录——他自己的没有，NASA的也没有。于是我又联系了菲乃格。

“我不知道这些都是从哪儿来的。”他说，“我跟伊诺斯一起工作了好几年，从来没见过他做那样的事情。他会有那个名字只是因为他表现不好。”

“所以跟导尿管阻止他自慰这件事没有任何联系？”我一般讲

话都不这么委婉的，但是菲乃格可是说过“后面”这个词的人。他说“我有一张照片，拍的是他咬我后面”。后来事实证明，那根导管实际上连接的是伊诺斯的股动脉（以监测血压）而不是他的尿道。

然而我还是有点不信，于是我又给菲乃格的同事比尔·布里兹打电话。他虽然是哈姆的兽医，但是也跟伊诺斯共事。

“没啦，”布里兹说，“我的意思是，大多数雄性黑猩猩都会自慰，但是伊诺斯办不到的。”他解释说，太空舱里的座椅设计出了一个隔断，来防止黑猩猩在飞行过程中将手伸到腰部以下，拔掉动脉导管。布里兹同意菲乃格的说法：伊诺斯没有这么个名号。

我跟克里斯·达布斯联系了一下，他是《太空中的动物》的作者之一。我想知道关于伊诺斯的那个故事到底是怎么来的。他转发给我一篇文章，是他的合著者在一名叫穆罕默德·阿尔乌拜迪博士的网站上找到的。这位阿尔乌拜迪还提出了一个非常有趣的细节：“在事后的新闻发布会上，伊诺斯一开始就拉下了尿布。NASA的人吓坏了，不知道接下来会发生什么。幸运的是伊诺斯还是有格调的，克制住了自己。”

阿尔乌拜迪博士在一封电子邮件中说，他是在2007年的一本叫作《太空种群》的书中看到这个故事的。在那本书里，伊诺斯的行为更加夸张：“他拉下了自己的裤子，引起一片快门声，闪光灯如钻石般闪耀，而伊诺斯的名字也留在了人们记忆中，他的爱好将与他对航空航天做出的贡献一样恒久远。”这本书的作者联系不上，但是谷歌图书搜索发掘出了写有这件事的另一本书，出版于2006年的《月球背面》。“第二天在飞行结束后的记者招待会上，他扯下尿布就开始自慰，把他的训练员都吓坏了。”而《月球背面》这本书的引文又指向了另一本关于阿波罗计划的书：詹姆斯·谢夫特写于1999年的《比赛》。

“（伊诺斯）总会在训练中拉下尿布开始自慰。他的训练员和医生认为，如果给他插一根导管将尿液排出，而不是用一个连着导管的像安全套一样的东西的话，他可能就不会这样了。但是没有用……他们又设计出了一种更先进的导管，这种导管带有一个可以充气的气球，这样比较不容易拿下来。”在这几行字里，谢夫特完全就是一个——用一位评论家的话说——“不让事实挡了好故事的路”的作家。那个安全套加导管的设备听上去很像给水星计划的宇航员在太空飞行的时候使用的收集尿液的东西，这个东西从来就没在黑猩猩身上用过，而且也很难想象会有人愿意冒着巨大的风险和威胁来给一只黑猩猩插输尿管，只是为了让他不要在训练中自慰。至于那个带气球的导管，在1963年已经拿到了专利——是伊诺斯飞行的两年以后了——而且它是用于移除血块的，不是用来阻止黑猩猩手淫的。《比赛》没有注明任何消息来源，也没有参考文献，而且谢夫特2001年就死了。

不过有趣的是，谢夫特从来没提过伊诺斯在太空飞行中有没有手淫过。他只是说伊诺斯把他的导管抽出来了。他也没提伊诺斯在飞行后的记者招待会上自慰的事。（实际上记者招待会的地点就在百慕大群岛上的金德利空军基地，离发现伊诺斯太空舱的地方不远，而且进行得太平无事。）而谢夫特笔下的故事发生在肯尼迪太空飞行中心，那也不是记者招待会，只有几名记者和NASA的一些官员出席，当时伊诺斯正在走下从百慕大把他接回来的飞机。

而且，他仅仅是扯下了尿布而已。

这个故事就像其他故事一样，每讲述一次就被加工一次，讲到最后伊诺斯已经有了全球首次环轨道高潮，回到地球后又在一片快门声和闪光灯的海洋前厚颜无耻地手淫起来。

以下是真正参加了百慕大那次并不出名的溅落后记者招待会的美联社记者的故事开头："星期四，自外太空返回地球后，面对他的第一批观众，这只在霍洛曼空军基地训练过的黑猩猩宇航员在他的记者招待会上连一个车轮翻都不肯做给记者们看。'他真的是个很酷的家伙，完全不是爱演型的。'"杰瑞·菲乃格上尉说。

伊诺斯，你清白了。

一阵温暖干燥的风吹过哈姆坟前的鲜花。我站在这里斜视着正午的阳光，吃着三明治。在博物馆里待了一上午看档案文件，那里空调冷风袭人，这会儿身体开始暖和起来。现在我知道了墓碑背后的故事。哈姆活着时受到的困扰在他死后依旧存在。国际航空名人馆遭到了媒体及各界人士的轰炸（这是他们自己用的词），纷纷询问哈姆的遗体怎么样了。这真的是件进退两难的事。对一只已故太空猩猩该用怎样的礼节才合适呢？是开个追悼会呢还是送进焚化炉呢？

威廉姆·柯文上校一封信的草稿表明了空军的立场：哈姆是一只具有历史意义的人工制品。柯文多次将哈姆的遗体称为"尸体"，并建议在尸检后把骨架取出来，如果骨头上还有残留的肉就拿去史密森尼[1]喂喂皮蠹虫[2]，啃干净了之后送去美国军队病理研究所存档。

哈姆的皮已经被移除了，以防史密森尼想拿去做标本。在我看来这不是个好主意。我见过哈姆飞行结束10年后拍的照片。他在退休后长了一百多磅，还掉了几颗牙。剩下的那几颗也突了出来，样子可不迷人。你已经认不出他就是《生命》杂志封面上那个穿着宇航服，面颊红润的少年了。他长得就跟欧内斯特·博格宁[3]似的。

不过谁也没问过我的意见。史密森尼宣布，他们打算给哈姆塞上填充物，加入国际名人馆名为“室内哈姆展”的展览，参展品还有“一张哈姆的照片”。公众都疯了。至今档案中还留着几封来信。“先生们：哈姆是国家的英雄，而不是一件物品……你们是不是也打算给约翰·格伦塞上填充物啊？”“他是黑猩猩，不是你想塞什么就塞什么的青椒。”诸如此类。《华盛顿邮报》不出意外，以《有“芯”之过》[4]为标题，在一篇专栏中将这个国家对史密森尼的愤怒

---

① 译者注：史密森尼学会（Smithsonian Institution）是美国一系列博物馆和研究机构的集合组织。该组织囊括 19 座博物馆、9 座研究中心、美术馆和国家动物园以及 1.365 亿件艺术品和标本，同时也拥有世界最大的博物馆系统和研究联合体。（wikipedia）

② 译者注：小圆花皮蠹（Anthrenus verbasci）和标本花皮蠹（A. musaeorum）是博物馆的重要害虫。幼虫取食剥制的鸟兽标本和昆虫标本。博物馆有时会用到食腐种类的幼虫，标本制作者则用它们来清除附在动物骨头上的软组织。（百度百科）

③ 译者注：美国著名演员。曾出演电影《君子好逑》。

④ 译者注：原文“The Wrong Stuff”中 stuff 一词双关，既可以指东西，表示这样是不对的；又可以指塞进哈姆肚子的填充物，表示塞错了，不应该塞的意思。

又往前推了一步，称这种行为有着社会主义倾向。“我们能想到的被塞了东西永久展览的国家英雄有列宁。”（为了保持这种给英雄塞填充物的社会主义倾向，苏联的太空狗贝尔卡和斯特尔卡也并肩站在了莫斯科宇航纪念馆的一个玻璃罩子里，他们仰着头，仿佛在凝视着天堂，或像是在等着好吃的。）

于是史密森尼马上又起草了另一份宣言。不给哈姆塞填充物了，他们要给他一个“英雄式的葬礼”，将他安葬在名人堂旗杆前的一小块空地上，“就像斯莫基熊最后的安息地一样”。[1]在做了尸检，去了骨架，剥了皮之后，哈姆还能剩下点什么已经很难想象了。但不管剩下的是什么，都躺在这片鲜花下了，人们也只能这样想。

然后，史密森尼又琢磨着要办一个合适的追悼会。他们需要一位受人尊敬的公众人物为哈姆对美国载人航空探索事业做出的贡献说几句话。他们的公关代表显然是昏了头，她给著名的哈姆诽谤者艾伦·谢帕德寄去了一封信。信中指出，这会给谢帕德带来“来自全国各大媒体的注意力”。搞得好像艾伦·谢帕德，第一位飞上太空的美国人，想要或者需要媒体的注意似的。特别是，这种场合会又一次让谢帕德不得不和一只猩猩分享人们的注意力。写信的人还指出了“关于这一状况的笑话和可能‘不那么好笑’的幽

① 作者注：诡异的是，也在新墨西哥州。斯莫基那里埋的倒不是那只林务局吉祥物的尸体，因为它是个卡通人物，而是一只在新墨西哥州大火中丧生的黑熊，人们以那只吉祥物的名字给它命了名。人们一直搞不清楚那只熊的名字到底是什么，实际上应该是斯莫基熊，而不是小熊斯莫基。就好像新墨西哥州的官方标语是“迷人之地”，而不是“穿着裤子的动物之地”一样。

默”。虽然加了引号，但是反而画蛇添足，看上去好像写信的人自己也觉得这些笑话很好笑似的。

回信的抬头是德州的一家库尔斯特许分销商，谢帕德是那里的总裁。回信感谢了史密森尼博物馆“体贴的邀请”，并表达了不能出席的遗憾。这封信是由谢帕德的秘书JC打的，信上没有签名。而名人堂的公关人员并没有受到打击，他们又盯上了约翰·格伦，这个人不仅是宇航员，也是议员和总统候选人。格伦礼貌地拒绝了，说是与别人有约在先。

《艾尔伯丘卡报》上刊登了一篇简短的新闻，报道了这个仪式。从文章附的照片可以看出大概有稀稀拉拉的40个人站在旗杆前。“斯塔普上校讲了几句话，阿拉莫戈多女童子军第34军的成员在一块小纪念碑上放了一个花环。”斯塔普在霍洛曼空军基地进行撞击橇实验项目。无论是宇宙航空安全研究还是汽车安全研究，在那些对飞行员来说太过危险的撞击试验中，人们往往会用霍洛曼的黑猩猩做实验对象。这就使得斯塔普这个人选既合适又不合适。他一方面对人类最近的表亲所做的英勇牺牲有着最深刻的了解；另一方面大多数让它们去牺牲的文件又都是他签的。他的礼物或许不那么感性[①]，但充满尊敬——他献上了一篇罕见的，包含各种等级的G数据的悼词。

---

① 作者注：并不是说斯塔普本人不感性。上校先生为他那身为美国芭蕾舞团女演员的妻子莉莉安写过十四行诗和情诗。新墨西哥州航空史博物馆的礼品店里斯塔普的诗集正在销售，5美元一本。然而在哈姆的葬礼上，斯塔普朗读的不是自己作品集里的作品，虽然有一句词在这个场合会相当合适：“如果黑猩猩会说话，我们很快就会希望他们还是不说的好。”

伊诺斯没有任何告别仪式。霍洛曼黑猩猩志[①]中写到了一句“尸归史密森尼”，但是史密森尼好像没有人知道他最后跑哪儿去了。《太空中的动物》一书的作者克里斯·杜布斯访问过一个人，那个人的妈妈解剖了伊诺斯的眼球以研究宇宙辐射，但是他完全不知道伊诺斯身体其他的部分都发生了什么。这从另一个方面看出，伊诺斯的尸体确实被瓜分用于研究了。这也是一名实验对象常有的也是适合的命运。

不论好坏，哈姆和伊诺斯就是这样。他们在这个国家的航空航天研究中扮演着重要的角色，但是我不会叫他们“英雄”。仅仅是因为，他们的所作所为中完全没有勇气的成分。所谓勇敢的壮举应该是一个人清楚个中的危险，而仍然选择去做。可是对哈姆来说，1961年1月31日不过是在金属小屋中的又一个奇怪的日子。艾伦·谢帕德在飞行中可能没有用到他作为试飞员的技能，但他的的确确是有胆量的。他让人们把他绑在一个弹头上的小盒子里，然后轰进太空：这在当时的确是无比危险的，而且全世界除他之外也只有一个人做过这样的事。

先放一只黑猩猩再放宇航员上天，这个决定不管怎么说都不容易。NASA一方面不得不考虑水星计划成员的安全问题；另一方面又要顶着打败苏联的巨大压力担心硬件问题。阿波罗计划早

① 作者注：哈姆在这本书里出现了两次，一开始叫作“张”，后来叫“哈姆”（Ham实际上是霍洛曼航空医学Holloman Aeromedical的简写）。这只黑猩猩在确定为飞上太空的最终人选后，政府担心一只叫“张”的猴子会冒犯中国人。出于安全起见，此后的黑猩猩都取的是霍洛曼工作人员的名字，或者依特征有他们自己的名字，比如丑丑、娇小姐、大坏、大耳朵。

期也有着这种紧迫与谨慎交织的烦恼。看到苏联在航空航天方面不断得分——第一颗人造卫星、第一次有活着的动物环轨道运行（莱卡）、第一次有动物从轨道上活着返回地球（贝尔卡和斯特尔卡）、太空第一人、轨道运行第一人、第一次太空行走——美国已经迫不及待要第一个登上月球了。NASA拼命地工作，就是为了赶上肯尼迪总统对公众公布的时间表：到20世纪60年代末，美国要送一个人上月球。或者至少是类似生物吧。

月球上的首面美国国旗或是由黑猩猩插上的。

1962年5月到1963年11月，美联社退休记者哈罗德·R.威廉姆斯写了四篇故事，这四篇都是根据他去霍洛曼航空医学研究实验室的一个新的黑猩猩基地参观的见闻写的。他管那里叫“猩猩大学”。这个地方花了一百万美元，但又破又丑，而哈姆、伊诺斯和其他的黑猩猩就是在这里生活以及为水星计划接受训练的。这里有26名员工和崭新的“寝室”（“每间寝室”都附带有1块配有1个笼子的户外活动区域），一个手术室、一间厨房、一张满是“全新的、复杂的、秘密的”任务的课程表。威廉姆斯的连载刊登在数十份报纸上，而标题都跟上面那个题目差不多，几乎所有的标题都在强调一次可能出现的登月任务：“首次从美国到月球？宇航猩猩为秘密太空项目努力工作。”“霍洛曼的猴子或成登月第一人。”“太空猩猩①的校友有望登月。”

---

① 作者注：霍洛曼基地在收到愤怒的词源学者来信后就不用chimponaut这个说法了。因为词尾“naut”源于希腊语和拉丁文，表示船和航海的意思。宇航员（Astronaut）给人“太空水手”的感觉。宇航猩猩（Chimponaut）则给人“水手裤子里的一只黑猩猩”的感觉。

威廉姆斯描绘了学校的“博士学生”鲍比·乔坐在一个模拟的控制板前，毫不费力地通过一个控制杆来操纵一个十字保持在圆心。“毫无疑问，”威廉姆斯的向导赫伯特·雷诺兹少校说，“他完全可以引导一架航天器升上太空再把它带回来。”雷诺兹即将成为贝诺医学院的院长。在另一次参观中，威廉姆斯透过模拟航天器的一扇窗户看到了一只名叫格伦达的黑猩猩。格伦达已经在这里面待了3天了，工作和休息的时间安排都跟宇航员的作息时间一样。她还有两天出舱。

阿波罗11的宇航员们登上月球插上美国国旗需要的时间是5天。是真的吗？ NASA和空军真的计划过用单程任务把一只受过训练的黑猩猩送上月球来打败苏联吗？送黑猩猩往返是绝对不可能的，因为黑猩猩没办法从月球上起飞再操纵轨道飞行器降落。而单单是送太空舱上月球着陆的话，从地面就可以做到，就像今天远程操纵的无人月球车一样。

最难的部分应该是处理一只死掉的黑猩猩英雄引发的公关崩溃。最好不要看苏联的攻略。1957年11月，一只美丽而耐心的流浪狗[1]莱卡没穿宇航服待在一个施压太空舱里，成了第一只环绕自己星球轨道运行的活着的生物。唉，可惜当时没有计划也没有办法再把她平安送回来了。于是在一周多的时间里，苏联官员对

---

[1] 作者注：据太空历史学家阿西夫·西迪奇的说法，苏联人准备训练狗来进行太空旅行，因为猩猩太容易激动，太容易感冒了，而且也“更难穿衣服”。因为苏联太空计划的权重尔盖·克罗列夫很喜欢狗。美国和苏联都为无名士兵修建了公墓，但只有苏联为无名狗也修了公墓（在圣彼得堡郊外），纪念那些犬类研究对象的荣光。

这一话题都缄口不言，拒绝透露莱卡是否还活着。他们对媒体和动物权利组织的请求完全无视，直到人们的呼声和愤慨几乎盖过了他们的成就。终于，在发射9天后，莫斯科广播电台确认莱卡已经死亡。详情却只能靠猜测了。直到1993年，莱卡的训练员奥利·加赞科告诉《太空中的动物》的作者，她应该是在升空后4小时左右死去的，死因是故障导致的太空舱过热。

搞不好送一个人类志愿者上去的争议还比较少。1962年——威廉姆斯写他那些关于猩猩大学事情的同一年——在一份星期天报纸的副刊上刊登了一个叫作《本周》的故事，提出苏联在考虑将一个太空人送上登陆月球的单程任务。同一年，据太空史学家戴夫·杜林的观点，《导弹与火箭》《航空周刊与太空技术》《航空航天工程》都刊登了一条内容详尽的任务设想，这次轮到了NASA。这一"单人单程"月球远征是贝尔航空系统公司两位工程师约翰·M.柯德和李奥纳多·M.斯尔的创见。文中引用了柯德的话："这可能是打败苏联人的一条便宜快捷，甚或是唯一的出路了。"杜林指出，当时收集到的情报数据显示苏联早在1965年就有能力发射飞行器登陆月球。（美国登月则是1969年的事）

然而无论是苏联的版本还是美国的版本，都不打算把那个忧伤的太空人留在月球上等死。有人会在1~3年内上去把他接回来的——只要人们一想出怎么做然后建好硬件设施，马上就会去。在将这个人送上月球后，还会再发射9个航天器，给他送去生活舱、通信舱及通信设备、建造这些舱的设备，还有9 910磅的食物、水和氧气以供他在等待回程期间用。

那又有谁愿意去呢？"我们真诚地相信，"柯德和斯尔写道，

“会找到有能力又合格的人来当这一项目的志愿者，哪怕回来的可能性微乎其微。”我也相信。现在有许多宇航员都非常愿意参加单程飞往火星的任务，而这个任务设想中连最终回程的计划都没有。当然啦，无人驾驶的着陆舱会不断给他们送去补给，直到他们离世。“我一生都在接受飞向太空的训练。”宇航员邦妮·邓巴对《纽约时报》记者杰若姆·古柏曼说，“就是在一次火星任务中结束生命，我也心甘情愿。”首位女太空人瓦莲金娜·捷列什科娃在2007年的一次采访中说，登上火星是早期太空人的梦想，她哪怕以72岁的高龄也愿意去实现这个梦想：“我已准备好一去不返。”实际上，几年甚至几十年的供给发射也不比想办法造出能利用火星资源的加速引擎便宜，也不比它容易，或者还不如别往那些无人着陆舱里放食物，而是放上回来用的燃料和硬件呢。

杜林认为，NASA里没人真的考虑过柯德和斯尔的单程月球任务。但航空航天圈——无论多么短暂——真的考虑过送一只黑猩猩上单程任务这件事也确实因此而增加了可信度。

我又回去读了一遍美联社发表的威廉姆斯的故事。除去标题外，故事中没有任何指向月球任务的部分。是报纸[1]编辑们擅自将故事改得更有煽动性了吗？我需要更多资源。雷诺兹少校已经去世

① 作者注：这些都不是大报纸。这些报纸的标题都是以荒诞著称的，比如“黑标在好啤酒选举中顺利当选”，还有“科学治愈痔疮！”——广告也都故意排版排得像新闻一样。更不用说这篇“哈姆被偷”了，我开始还以为是宇航猩猩被绑架的故事，结果发现是两个人撬开超市后门偷走了一打3磅装罐装莱丝黑鹰火腿（Ham也有火腿的意思），还有半打半磅装罐装威尔逊火腿（显然是比较差的）。

了，杰瑞·菲乃格在1962年就离开了霍洛曼基地。他和布里兹都说没听说过与此有关的消息，不过布里兹记得他在圣安东尼奥市附近的布鲁克斯空军基地看到过人们训练猕猴操纵控制杆。“他们想看看它们是不是真的能飞，”他在一封电子邮件里告诉我，“它们真的很棒！”布里兹不知道这一项目的终极目标是什么。我还真知道在1964年布鲁克斯基地有训练黑猩猩做一些与航空有关的任务，因为我看到过一张报纸，上面写道一只黑猩猩在一个太空飞船模拟器中受伤了，当时踏板出了故障，发射的电流不像平时那样“轻微而恼人”了。

空军历史学家鲁迪·布里菲卡多正在研究赖特-帕特森空军基地的历史，这又是一个20世纪60年代研究航空医学的温床。于是我给他发了个消息。他回复说：“人们真的计划送一只黑猩猩上月球的可能性非常大。”他补充说有很大一部分与灵长类动物研究相关的材料至今尚未揭秘，这样一来菲乃格和布里兹（还有布里菲卡多自己）在当时是不允许说出他们知道的事情的。那么又是谁告诉美联社记者的呢？布里菲卡多说，很可能是他采访的哪个人说漏嘴了，被他捡了便宜。

霍洛曼空军基地距新墨西哥航空史博物馆只有10分钟车程，或许基地的资料能给我一些答案。新墨西哥航空史博物馆馆长乔治·豪斯给了我一个电话号码说我可以试试。电话那边的人踢了一会儿皮球，终于有人找到了专门负责对媒体撒谎的人，这人说存放基地资料的房间锁着呢，只有馆长才有钥匙。而目前霍洛曼没有馆长。显然新馆长上任后的第一把火将是想办法打开档案室。于是我确信：送猩猩上月球的材料就锁在里面，伊诺斯在飞行任务中拍摄的色情录像带也在里面，还有斯塔普上校穿芭蕾舞短裙的照片都在里面锁着呢。妄想症是阿拉莫戈多这边的一种生活方式，毕竟这里是首颗原子弹实验的地方，而且离罗斯威尔和51区也都不远，一个是空军试验飞机的秘密检验场，一个是飞碟研究中心。豪斯说，凡是包含灵长这个词的电子邮件，包括我发的一些邮件，都在奔向他电脑的途中神秘消失了。但是豪斯觉得这跟秘密的黑猩猩月球计划没关系。他说这跟善待动物组织的人搞出的一桩官司有关。这桩官司也不是针对空军的，而是针对跟空军签了合同的一家机构，这家机构在20世纪70年代接管了——"管"这个词有点此地无银三百两了——那些黑猩猩，因为空军要它们没用了。

我又回到导弹花园，翻着复印的材料，发现了一些我之前忽略了的东西。有一篇文章提到，在从太空舱出来之前，黑猩猩格伦达"不得不重新经历再入地球大气层带来的震荡"。这就意味着格伦达的模拟任务是往返的，不是单程。

我猜格伦达是在模拟双子星座计划的宇航员。（双子星座计划实施于1965—1966年，是阿波罗月球计划的先驱。）从1964—1966年早期，"猩猩大学"里的灵长动物们致力于回答某些问题，比如如果一名宇航员在舱外活动时宇航服撕裂了，会发生什么事？美联社有一名记者专门跟踪黑猩猩团队中负责回答这个问题的模拟舱外行走项目，他说："以前，科学家相信直接暴露在宇宙真空中会导致死亡，人的血液会沸腾，而缺乏大气压则可能导致身体膨胀甚至爆裂。”[①]这应该是霍洛曼打不开档案室大门的另一个原因。

一只黑猩猩操纵航天器登月的假想任务都能严重到登上报纸，可见阿波罗太空计划是一个多么政治化的东西。目标呢？简单明了：赶在他们之前登上个什么东西。首次在月球表面执行的科学任务有点像马后炮：趁着你在那儿拣点石头回来好吧？首位地质学家登上月球已经是阿波罗17的事情了，6次任务以后了。

冷战结束后，宇宙探索的目标表面上又回到了科学。有人认为，由机器人登陆舱来进行科学研究更有效率——至少更经济。而在宇宙探索及行星科学领域雇用人类员工只是为了维持公众对此事的兴趣和支持。正所谓：“不见兔子不撒鹰。”[②]

也有人不同意。“如果你的问题非常具体，比如火星表面的石头有多硬？要回答这样的问题，派机器人去是完全可以的。但是如果你的问题很大，比如，火星的历史是怎样的？那你得送多少机器人上去啊。”行星地质学家拉尔夫·哈维说，他曾参与送研究考察

---

① 作者注：与流行观点不同，如果宇航服撕裂或者太空舱卸压，宇航员的血液不会沸腾。虽然他会膨胀，但是不会爆裂。人体在某种程度上也是血液的加压服，能将溶解的气体保持在液体状态。只有直接暴露在真空下的体液才会真的沸腾。[1965 年 NASA 的一名实验对象就出现了这样的状况，他当时穿着漏水的宇航服待在低压舱（altitude chamber）里。他在意识丧失前记得的最后一件事就是他的口水在舌头上冒起了泡泡。] 另外，现在的太空行走服即使在比这大得多的气压下真的炸开出现撕裂或泄漏，也是有补救措施的。再不济也能确保宇航员有氧气供给，而如果太空舱降压，里面的宇航员有大约两分钟的时间搞清楚问题出在哪里并把它解决掉。这么短的时间不会有事的。我的消息来源是真空舱里的实验，这些实验如果你知道细节的话，真的会让你血液沸腾。

② 译者注：原文为“No bucks without Buck Rogers.”意即没有 Buck Rogers 就没有钱。Buck Rogers 是第二次世界大战前一部电影中登陆火星的一个人物。

队上月球的计划。“但是人类的数量可以少到只有一到两个。因为人类有一种很神奇的工具叫作直觉，我们可以积累各种经验，并且瞬间调出我们需要的部分，只要花一分钟看看现场——无论是火星现场还是犯罪现场——马上就能知道这里发生过什么。”

在过去的23年里，哈维一直负责南极陨石的研究，所以他知道在极端严酷的条件下该怎样进行地质研究。我们聊天的时候，他才刚刚从NASA的戈达德太空飞行中心回来，他在那里协助计划一项横穿月球的任务，这项任务大概将在2025年执行[①]。

为什么要花15年的时间来计划月球上的一次远足呢？接下来为您揭晓。

① 作者注：也可能根本不会执行，如果NASA 2010年的财政计划照原样通过了的话。

第 9 章 前方 200 000 英里处有加油站

做月球探险计划难，做模拟月球探险计划更难很久以前，宇航员们在月球上兜风乘坐的是一种敞篷两座电动车。很像高尔夫球场或者迈阿密熟食店给上了年纪的顾客上下停车场用的那种车。这种电动车给20世纪70年代的月球探险带来一种休闲的，在退休社区般的感觉。现在一切都过去了。NASA新的月球车模型看上去更像一辆未来主义的面包车。整辆车内部都是增压的，这样很好，宇航员可以脱下他们那笨重又不舒服还带着个大白泡泡头的太空行走服了。NASA对于这种增压车的表述是“长袖衫环境”，给我的感觉是宇航员们都穿着POLO衫，不穿裤子。如果NASA真的要在月球建立一个据点①，宇航员们将会坐着月球车走过前所未有的遥远而复杂的地方。探索小组会乘两辆车出发，每天碰面，两周后再坐着车回到基地。新的月球车可供两人住宿，车上装有食品加热设备、一个带“隐私帘”的马桶和（两个）杯架。

真的增压月球车模型在模拟设置下——也就是在很像月球表面的地球表面——进行测试之前，NASA要先做一些粗剪素材，也就是用类似大小的地球车从14天的征途中选出两天来。模拟征途可以帮助NASA对“表现及产出”有一个真切的概念——有多少做到了，什么事都花了多少时间，哪些有用哪些没用。这个

---

① 作者注：在2010年2月奥巴马的首个NASA预算公布前，月球基地原本是预计在21世纪20年代前后建立的。这一项目（星座项目）本来被裁掉了，现在我们的目标是飞向近地小行星然后飞向火星。然后，国会又没批准这一预算，所以在我写下这段话的时候，很难确切知道我们下一步到底要把这些增压车拖到哪里去。

夏天，作为小型增压月球车[①]模拟器的是居住在加拿大北极地得文岛HMP研究站的一辆橙色悍马。（HMP指的是Haughton-Mars Project，即霍顿－火星项目；得文岛的地形也有点像火星的某些部分，模拟火星穿越实验也是在这里进行的。）

简单说，你不坐火箭能到达的最接近月球的地方就是得文岛了。12英里宽的霍顿陨石坑是一个环形山，就像月球上的沙克尔顿陨石坑，自2004年起NASA就计划在沙克尔顿陨石坑边缘建立一个基地。环形山是由时速在100 000英里（1英里约为1.61千米）上下的流星体撞击形成的；而月球表面没有大气层，不像地球上空有大气层可以减缓或者烧掉这些流星体，在月球上哪怕很小的流星体也会在月球表面撞出一个洞来。一颗卵石撞在月球上可以形成一个直径几英尺的环形山。行星学家都很爱流星体，因为它们是天然的挖掘机，它们能挖出过去时代的地质材料，而如果我们自己去找这些材料的话通常要花很多钱，而且也很难找到。

得文岛就像月球或者火星一样，极其不方便。想要得到地质考察所需的东西还要跑去几千英里外。得文岛也不适合居住：没

---

① 作者注：后来NASA意识到这是一个做好公关的机会，于是在我们这次试验6个月后，NASA将把小型增压月球车的名字改为月球电动车。本来是想把它叫作弹性漫游远征设备，或者FRED（Flexible Roving Expedition Device）的，后来NASA的领导否决了这个名字。否决的原因跟他们否决阿波罗月球远足舱里的“远足”一词一样，听上去太轻浮了。另外一种比较大的移动月球居住模型名叫全地形六足地球外探测器（ATHLETE，即All-Terrain Hex-Legged Extra-Terrestrial Explorer，另外athlete还有运动员的意思）最近从NASA有趣的审查中幸免于难。不管这个人是谁，他是个相当严密的人。我浏览了全长53页的NASA缩写清单也没找到一个有趣的名字。（最接近有趣的一个是商务经理）

有电、没有手机信号、没有港口、没有机场也没有任何物资供应。这也是一种优势。在这里搞科研是经过严密计划的一课。一个类似月球或火星的地方，比这两个星球本身更能让人看出一些东西，比如说，要进行探索的话，三人小组要比两人组更合适。或者开着月球车穿过一片石海所花费的时间要比预计时间长一倍，爬上一座环形山坡上松散的碎石所消耗的氧气量要比预计的多两倍。正如有人在昨天的行前计划会上说的："这里是一个用来犯错误的地方。"

就像月球一样，你不走近得文岛是不会觉得它有趣的。在卫星上看来，这里是一片广袤无垠的尘土。而坐在双水獭飞机上低空飞过，窗外看到的则是河流般的条纹：棕褐色、灰色、金色、奶油色乃至赭红色。在冰川融水的不断切割、冲刷、渲染下，这片土地给你的感觉就像是飞过一张广阔的意大利大理石纹纸一样。

而一旦踏足这片土地，你就会明白为什么行星地质学家要不远万里来到这个处在地球之巅的地方了。世界上很多地方都有流星体凿出的跟霍顿陨石坑一样大的环形山，但是它们大多覆盖着森林或商场。北极地的风景都是最基本的东西：土地和天空。从霍顿陨石坑中心辐射出一个"溅射覆盖层"，就跟月球上的环形山一样。当流星体撞上一个与之类似的天体，冲击的能量会瞬间爆发并将下面的岩石熔化。由此产生的类似岩浆的东西就会溅射开来，冷却后形成一种很像牛轧糖的东西，叫作冲击角砾岩（角砾岩breccia的发音听上去像是某种意大利美食）。然后这个冲击角砾岩就会在这里待上个3 900万年，直到某个穿着登山鞋戴着太空头盔的人来到这里把它捡起来。

今天戴着头盔的有两个人。在小型增压月球车模拟器驾驶位上的是行星科学家，霍顿-火星项目总监帕斯卡·李。他在NASA、SETI[①]机构、火星研究所及其他友好单位的支持下，于1997年成立了霍顿陨石坑的HMP研究站。副驾驶位坐的是安德鲁·阿佩克朗比，来自NASA的舱外行走生理系统及项目绩效部。阿佩克朗比一头金发，皮肤白皙带点雀斑，英俊得就像长着一圈银币大小的白发带着法伊夫口音版的全美最佳健康代言人巴斯光年。夹在李跟阿佩克朗比中间的是HMP实习生乔纳森·尼尔森，还有李那无所不在的犬科好友乒乓。紧跟着我们这辆橙色悍马的是3辆全地形车，车上坐的是营地机械师杰西·韦佛、宇航服工程师汤姆·蔡斯，还有我。我们6个加在一起是一个小型增压月球车阿尔法小组，“地面控制中心”都叫我们SPR-阿尔法。在另一条路线上，预计在晚上与我们汇合的小组叫作SPR-布拉佛[②]。

我们开得很慢，保持着项目计划中真正的月球车的平均速度：6 英里/时。这座低矮的，满是碎石的小山比岛上任何一座山都要灰得更彻底。这里的景色很像月球上陶拉斯-利特罗山谷的景色，阿波罗17的宇航员在1972年乘着月球车到过那里。开车驶过这片荒凉的土地，戴着圆圆的遮光全地形车头盔，我发现要假装自己在月球上是一件很容易的事情，虽然难堪了点。李对此行难掩兴奋——“做这件事还有人给我钱！谁信哪！”——我也觉得完全可

① 译者注：Search for Extraterrestrial Intelligence，搜寻地外文明计划。

② 译者注：Bravo，意为亡命之徒。

以理解。这个地方让我们都变成了极客。

除了我们的机械师——韦佛从来不望向窗外欣赏景色。我则一直不停地看。昨天我差点一头撞在全地形车的屁股上，就差了几英寸。月球的景色在阿波罗计划中算是一个潜在的危险，因为它会让人分心。当时的时间表是以分钟为单位计划的，而设计者们还是体贴地给宇航员们留出了傻看着月球发呆的时间。在阿波罗17计划中，准备下到月球表面去的时候，吉恩·赛尔南提醒哈里森·施密特说："计划允许我们往窗外瞟两眼。"

李停下车，查看了一下GPS。我们已到达第一个"路点"。这是一个地质学上的服务区：穿上宇航服，爬上峭壁，收集一些样品。李和阿佩克朗比站在车外，摆弄着他们的耳机。他们就是通过这副耳机跟彼此以及远在HMP基地的"地面控制中心"联系的。在车尾，蔡斯在两张垫子上摆开了模拟宇航服零件。如果这是一辆真的月球车，宇航服应该是挂在嵌进车尾操纵板的一对架子上的。宇航员会先在车里穿上宇航服，扭动四肢来解锁，走掉。然后在回来的时候重复一遍上述动作，宇航服就挂在那里晃啊晃的，好像蜕下的甲壳一样。这样一来，宇航服不会把拥挤的车内空间塞满，而且也不会有灰尘进来。

灰尘是登月宇航员的大敌。月球上没有风也没有水，所以这些坚硬的月球岩石颗粒仍然保持着尖利的外形，没被打磨过。在阿波罗计划中，灰尘刮花了面板和照相机镜头，损坏了轴承，堵住了设备结合处。在月球上除尘是一件费力不讨好的事。地球的磁场可以挡住太阳风造成的带电粒子，月球则不同，这些粒子会轰炸月球表面，造成静电。月球上的灰尘会像烘干机里的袜子一样贴着你。宇航员穿着白光闪闪的棉花糖一般的宇航服走出月球车，几个小时后回来时就跟矿工一样了。阿波罗12的宇航服和长内衣裤脏到什么程度，宇航员吉姆·洛维尔告诉我说，“大家一度把所有的内衣裤都脱掉了。在回程路上有一半时间都是全裸的”。

需要将月球灰尘留在月球车外的另一个原因是：月球上的重力太小了，吸入的灰尘下落速度会更慢，这样就会进入肺部更深的地方，伤害到里面更加脆弱的组织。NASA在灰尘和除尘方面投资甚巨，他们有一整个月球灰尘模拟系统工程[1]。（月球上的岩石属于“国家宝藏”，禁止销售。但是月球灰尘就无所谓了，不管真的还是模拟的都不受保护。这也解释了为什么阿波罗15任务中用过的一个布满灰尘的眼罩在1999年佳士得拍卖会上才卖了300 000美元。）

李本来对这周模拟任务的考虑是：在悍马后面切几个洞，然后装一对模拟宇航服架。韦佛震惊了。“我告诉他：‘你怎么能把悍马给切了呢。’”韦佛这位HMP工程师是田纳西的一名高中生，几乎不刮胡子，但是有一种棱角分明的，坚硬的沉着。李认识韦佛的母亲，有次看到韦佛重新组装了一辆轻型摩托车，于是给了他这个史上最佳暑期工作。

李跪在一个垫子上，蔡斯准备将模拟便携式生命保障系统（portable life support system，即PLSS）装到他身上。他的双臂张

---

① 作者注：NASA都是一吨一吨地买，但是你只能一千克一千克地买（每千克28美元）。在eNasco教育产品网站上就能买到。但是胆小者慎入。宣传广告上一只剥了皮的猫的样本会跟你说：“节省实验时间！”eNasco的解剖标本分类下有10种不同的剥皮猫出售，以证明剥皮真的有不止一种方法。

开，仿佛在祈祷，又好像在演百老汇音乐剧。蔡斯的雇主汉胜公司既做模拟宇航服，也做真的宇航服，而不管你穿的是哪种，都需要一个男仆来帮忙。（所以太空行走这件事显得比较不英雄的一点就是：得有人帮你提裤子。）[①]蔡斯和李在跟模拟便携式生命保障系统纠结的时候，韦佛从口袋里掏出一包骆驼牌香烟。对他来说，舱外行走基本上等于抽烟时间。他正在向着飞行的职业生涯迈进，不过是作为无人区飞行员，而不是作为宇航员。

鉴于加拿大是有氧气的，你可能会想模拟生命保障背包里都装了点什么东西。基本上那里面就是一个风扇，以防止头盔面板起雾。其实里面有些什么东西并不重要，重要的是要给穿它的人增加负担，让他行动不便，视野狭窄，就跟宇航员在月球上负担累累行动不便的样子一样。然后给他点工具，给他点事情做，看看会出些什么问题。

阿波罗计划中，任务都是写在一块板上，然后用魔术粘贴在宇航服袖口的。外太空就是一个充满清单的地方：袖口清单、月球表面清单、任务规则清单、“前进工作”。轨道上的一天开始于早上的传真或邮件，告诉你一天的计划和任务，总在修改，总在更新。稍

---

① 作者注：另外你还得穿尿布。如今不叫尿布了，叫大号吸收装（MAG）。MAG 取代了 DACT（disposable absorbent containment trunk 一次性吸收容纳箱），因为 DACT 的存储量不大（不够大）。在阿波罗时代，宇航员们穿着一个拉起式粪便容纳设备（fecal containment device，即 FCD）还有一个连着避孕套的尿液容纳设备（urine containment device，即 UCD）。我们来看看参加了 NASA 阿波罗 16 月球表面之旅的宇航员查理·杜克对这一系统的评价：“（FCD）就像穿上一件女人的束腹带，然后前面开了个口把阴茎掏出来，然后你套上你的 UCD，你要么扣好扣子，要么把它甩在下体护身上。”

有偏差即需向任务控制中心报告。除去“睡前时间”那一两个小时外，清醒时的每一个小时都被安排好了。就像赶通告一样。

阿佩克朗比正在浏览他的袖口清单。他已经把清单塑封了，因为得文岛经常下雨，也因为他天生就是做计划的料。我不太了解阿佩克朗比，从这方面说我也不是很搞得懂NASA，不过从我的角度看来，可以想象有一天NASA归他管的样子。阿佩克朗比对待模拟任务的态度非常认真。他写了一本66页的现场试验计划，其中有时间线、目标、长达4页的风险分析、未尽状况解决方案树，还有针对每次模拟行走的优先科学问题、机会目标、前进工作以及任务规则。他的这份文件给了参与者人手一份，不过可能不是每个人都会读。

阿佩克朗比站进一套白色的合成纤维连体裤，这套连体裤是用来模拟增压服的。乒乓咬着李的手套在他的脚边撒欢。“乒乓也想舱外行走啦？”李用他特殊的高声部乒乓语气说。阿佩克朗比打断了他们：“我们该谈谈前进工作和机会目标了。”

韦佛透过烟雾看着他们：“你们就跟一队画家似的。”

头盔和生命保障系统都装备好后，蔡斯放了一段视频。阿佩克朗比看上去稍微有点不舒服。李则对这身衣服完全没意见。有这么一件事我听说了但是不太信：即便是假的宇航服，也能让你变成少女杀手。今年45岁的李还单身，是太空圈内的钻石王老五。

李手持凿岩锤走向了山坡。阿佩克朗比手持样品袋跟在他后面。小组任务是以阿波罗时代的舱外行走任务为蓝本——选择岩石及土壤样品，用袋子装回来，拍照，然后进行重力仪和辐射测量读数。

历史上只有一名阿波罗宇航员是地质学家。其他的都是上过地质速成班的飞行员，这个速成班主要讲的是月球地质学，是为了帮他们知道该找些什么东西还有怎样看待月球表面的。培训内容包括在NASA的地质实验室里摆弄地球上的玄武岩、角砾岩，摆弄用来模拟月球岩石的上了色的泡沫塑料，还有在阿波罗11之后，摆弄真正的月球岩石样本。实地考察则是把他们拉到内华达试验场，在拉斯维加斯西北65英里的地方，这里是20世纪50年代原子能委员会测试核弹的地方，所以沙漠里上上下下到处都是弹坑。这里的岩石仍有放射性，所以宇航员不能把它们拿起来检验。不过好像也没人在乎检验不检验的事，因为正如吉姆·埃尔文在阿波罗15月球表面日志的宇航员评论中所说的，他们都“急着想回拉斯维加斯呢”。

今天的行程有一项主要任务，就是掐时间。到底月球车的实际操作时间跟预计的时间线能有多接近？他们需要多久跟地面控制中心联系一次？如果一个小组没能跟上，行程计划该怎样随机应变？所有小组都要求在行程中每一阶段的开始和结束时跟控制中心联系，以检查实际的花费时间是不是比预计的长，如果是的话，是被什么事耽误了。在某一时刻，实习生乔纳森·尼尔森会发出一份“生产力指标”报告，这样NASA的一些管理人员知道他们今年夏天批的20万北极模拟项目预算都花到哪儿去了，心里也会镇定些。现在看来，这件事里经常会出现像这样的对话：

尼尔森：你们想要什么？宇航服时间吗？

李：不是，基本上，我们开始穿宇航服的时候……

尼尔森：所以你们现在到宇航服时间了。

李：宇航服时间是这个意思啊？

尼尔森：准备宇航服和穿宇航服是有差别的。

阿佩克朗比：那我们把鞋放在地上的时间怎么算？

对一个在地外表面晃来晃去的宇航员来说，掐时间是非常重要的。如果不知道在某种表面上完成一段特定距离走路或开车要花多久，就会很难知道一个人该带多少氧气，或者电池需要多少电量。阿波罗宇航员必须服从他们的“走回限制量”。最早确定这一限制量的方式是开车把一个人送到模拟月球表面的一个地方，比如离基地3英里的地方，给他穿上一套模拟宇航服，标出开始时间，然后让他往回走。阿波罗宇航员在开月球车时不得超出登月舱的安全距离范围，也就是他们在氧气用完前能走回来的距离，以防月球车出问题。（这也是为什么要准备两辆月球车；如果一辆坏了，另一辆还可以过来把搁浅的宇航员接回去。）

走回限制量总是让阿波罗任务的计划人员很忧虑，让宇航员很失落。因为没有树或者楼房作参考，很难准确判断距离到底有多远。出于安全考虑，都用的是保守估计，有时候保守得过分。在阿波罗15的一次舱外行走活动中，宇航员戴夫·史考特在回程中发现了一块不寻常的黑色岩石孤零零地待在地上。他知道如果他向任务控制中心征求许可去拿的话，他们会叫他接着往回开，因为这次舱外行走的进度已经落后了。而任务控制中心又能听到他们的对话，史考特编造了一次安全带故障。而这块石头也被称为“安全带玄武岩”。

史考特：哦，这儿有几块多孔状玄武岩，就在这儿，天。哦天哪！嘿，我们能不能……我们等一下，我们得……

埃尔文：好的，我们停下来了。

史考特：让我系上安全带……这安全带怎么老掉下来。

埃尔文（马上明白了他的意思）：把安全带给我，我帮你系吧？

史考特：马上就好……我要是能找着它的话。（停顿）在这儿呢。（停顿）你能不能帮我抓住这个，马上就好。

埃尔文：好的。我抓住了。（长时间停顿）

现在已经快傍晚了。我们已经到达了晚间交汇点。李和阿佩克朗比会留在这里过夜，睡在悍马后面简陋的床铺上；我们其他人则开车返回营地，早上再跟他们汇合。目前还没看到布拉佛小组的影子，于是我们四处闲逛，在一个沟脊上互相拍照片。晚些时候，我会看着这些照片，感觉我像在露天煤矿参观一样。很难说清楚为什么我会觉得得文岛是个美丽的地方。但是总有些时候，当你一个人在散步，低头迎着风，视线落在一个小苔藓包上，看到它上面开着细小的小红花，就像纸杯蛋糕上的装饰一样，你会突然被这个场景击中。或许是那种令人难以置信的英勇，在这样贫瘠而坚硬的地方居然能有如此精致的东西生存。或许只是色彩带来的惊讶感。昨天，在又一次爬上一座灰白色的峡谷时，一只大黄蜂飞过。它身上的黄色看上去简直像某种幻觉，就像在黑白照片中唯一上了色的一件东西。“哇，兄弟。”有人说，“你是哪个弯拐错了？”

雨渐渐下起来了，于是我们回到了悍马上。李和阿佩克朗比刚结束了NASA首次模拟增压车行驶任务的第一天，兴奋劲儿还没过。阿佩克朗比说：“实在是太赞了！这个世界上没几个地方地形地貌能跟月球这么像了……”

“地面控制中心，这里是布拉佛小组。”无线通信响了起来。是NASA地球物理学家布莱恩·格拉斯的声音，他是SPR-布拉佛探险组组长，正在读着他的GPS坐标和最新天气情况。说“读”可能不太准确，他的动作应该介于“喊”和“喷口水”之间。他们那边雨下得很大，能见度只有300英尺。布拉佛小组乘坐的不是悍马。他们的模拟月球车是一辆川崎骡，这是一种体积较大的全地形车，后面还带一个小货箱。他们在穿过一条小溪时把火花塞打湿了，那条小溪在卫星照片上看没那么深。而备用火花塞有一个尺寸不对。他们一度落后了将近两个小时。

韦佛套上连帽衫的帽子：“看来那拨人没我们玩得开心啊。”

HMP的早晨在一阵帐篷拉链声中开始。这里的住宿安排就是30个尼龙帐篷，盘踞在一座山上，打乱了这个岛的颜色样式。每个人都差不多同时起床，因为每天早上都要先开会。今天早上的会议在主咖啡帐篷进行。为了与NASA的会议思想保持一致，得文岛上装了一套真正的NASA电话系统。NASA在加利福尼亚艾姆斯的员工只要拨打一个四位分机号，就可以跟李——距离北极只有几百英里的李——直接通话，而且是内线电话。（HMP是网络时代几个有网络语音电话（VoIP）却没有抽水马桶的地方之一，这种地方听上去很奇怪，却惊人地常见。）①

安德鲁·阿佩克朗比在试图维持任务后经验总结会的秩序和礼仪，角落里的三脚架上放着一个网络摄像头，这样全世界的人都能看到这次会议。HMP有一个副研究目标，就是研究“狭窄住宿环境下增加接触带来的人类流动性问题”。关于这点，但愿今早做笔记的不止我一个。

“第一次舱外行走后，没有人告诉我们我们落后了。”格拉斯抱怨着，“根据预计的时间线，我们还早了10分钟呢。”格拉斯那正在减退的红头发以及他胡子的形状总让我想起沃尔特·雷利爵士。于是想象他在摇粒绒衣上面戴着伊丽莎白式的领子就很容易。格拉斯说地面控制中心在地图上寻找更快路线时让他们等了将近两个小时。“我……”他呼出一口气，“我感觉有人一直在逗着我们玩儿，这样阿尔法小组就能准时回来吃晚饭了。”

李坚持说阿尔法小组完全不知道发生了这样的事情。

“可不是嘛。”格拉斯说，“因为……”他转向阿佩克朗比，“帕斯卡把电话开无视档了。”

“我开的是震动！”

---

① 作者注：于是，为了让得文岛更像火星或者月球的样子（生物废弃物会导致植物生长），每一季会有14个50加仑（1加仑=4.54 609升）装的大桶尿流出岛屿。男人通过一个漏斗直接尿进桶里。女人则要先蹲在一个水罐上解决。那个水罐就是学校酒吧用来装啤酒的那种透明塑料罐。倒出去的感觉就像将星期六一整晚喝的酒凝结在这个手势中一样。排出固体废弃物时则要坐在一个下面挂着塑料袋的马桶座上，完事后把塑料袋拿去丢到垃圾桶里。你就是你自己的狗。

“我们能不能……”阿佩克朗比说，“总结一下经验教训了？”

于是格拉斯开始说地面控制中心给他们的电话“好像就没停过”，一直在问他们在做什么。“每次电话一响，我都得停下来，找一个风声和发动机声都比较小的地方，摘下头盔……”

经验教训：探索小组队员需要一点自主权。严格计划好的时间线适用于短时间的行星表面舱外行走，但是如果NASA要计划两周的舱外行走，或者去火星的旅程，那么这个时间线必须要放宽。自主权是宇宙心理学家当前普遍面临的一个问题。宇航员经常向航空军医抱怨说，自己的工作自己都不能排时间，也不能做决定。就像格拉斯一样，有些人觉得地面控制中心这样微管理让人很沮丧，很泄气。来自旧金山加利福尼亚大学的太空精神科医生尼克·卡纳斯就曾研究过自主权高低对工作人员的心理产生的影响。他设计了3种太空模拟情况，结果显示，在高度自主的情况下，男组员和女组员整体上比较开心，也更有创造力。唯一例外的是地面控制中心的人，他们“报告说不太确定自己的工作角色”。

会议完全没有要结束的意思。韦佛已经昏昏欲睡。HMP的地面导游因为他的洗澡看心情养生法而名声在外，他现在正在门框上蹭他的背，就像一只正在换毛的灰熊一样。而格拉斯还没有要说完的意思：“……我们午饭只吃了几块糖。阿尔法小组却带了好多东西……”

“怎么会，”李说，“我们加起来才吃了两个三明治。”

“经验教训，”阿佩克朗比打断他，“面包多一点。”

厨师迈克开口了：“有些面包在莱则柳特被偷走了。”（飞到得文岛的飞机都从因纽特的莱则柳特小村庄出发。）迈克有3天时间为三十几个人为期6周的野外考察一手采购及准备食粮。NASA的模拟探险计划办公室真该雇下厨师迈克。当今远征的一大问题就是，与40年前相比，NASA变大了许多。厨子一多，连个肉汤怎么做都要花好长时间决定。就像阿波罗的策划者沃纳·冯·布劳恩对登月做出的评价："人要是再多点，我们铁定失败。"

吉恩·赛尔南在阿波罗17月球表面日志的宇航员评论部分中，对无穷无尽的准备工作和情况预想表示惋惜，这些东西正是如今NASA的典型问题。"我不确定我们是不是……有我们第一次（飞向月球）时那样的心态——我不想用'勇气'这个词——这是很让人伤心的。"毕竟无论你怎样计划，无论怎样小心设计，总还是会有问题。第八次阿波罗任务的安全管理员曾说过这样流传一时的话："阿波罗8号有5 600 000个部件……即使所有的部件都能99.9%地好好工作，我们还是会有5 600个问题。"

而另一方面，就像他们说的，计划不足必将导致计划失败。

许多年前，我采访过宇航员克里斯·哈德菲尔德，当时是为了写一篇关于宇航员如何接受太空行走训练的文章（这是宇航员漂在舱外的一种舱外行走，通常是为了维修或者增加新硬件）。我问他是否觉得NASA做得太过了，拖延了排演和计划的时间。哈德菲尔德在无重力实验室里花了250个小时，只是为了准备一次时长6个小时的舱外行走。（无重力实验室是一个巨大的室内游泳池，池子里还有模拟国际空间站零件；穿着宇航服漂在水里假装太空行走也算过得去了。）"是的，选择很多。"哈德菲尔德说，"你可以什么都不做，期盼一切顺利就好，你也可以每次飞行都花上几十亿美元来力图落实每一个细节。"至于NASA，他说，NASA的目标在这两者之间。“准备是很重要的。”他又说，“我们就是靠这个吃饭的。我们不是只要飞上太空就可以。我们还要开会，要计划，准备，训练。我做了6年的宇航员，而我在太空只待了8天。”

哈德菲尔德告诉我，著名的阿波罗13事故——在飞向月球的过程中发生爆炸以及吉姆·洛维尔和他的队友采取的对策——实际上NASA“模”过至少一次。显然洛维尔在太空中所做的一切都在地面上模过。包括两周不洗澡。

第 10 章 休斯敦，我们出霉菌了

太空卫生以及为了科学而不洗澡的人们

吉姆·洛维尔最出名的身份就是阿波罗13的指挥官，出了问题的那个宇航员。凡是看过汤姆·汉克斯那部电影的人都知道，在飞往月球的途中，一个氧气罐爆炸了，切断了指令舱的电力供给，洛维尔和他的两个队友不得不在登月舱里困了4天，只有极其有限的氧气、水和热力。在过去的40年中，不断有人对洛维尔说："我的天哪，这得是多大的考验啊！"这话我也对他说了，不过我指的不是阿波罗13，我指的是双子星座七号：两个男人，两个星期，不能洗澡，不换内衣，还穿着增压服，在一个小到洛维尔腿都伸不直的太空舱里。

1965年12月4号双子星座七号发射，算是从医学角度对阿波罗登月计划进行的一次着装彩排。月球往返旅行需要的时间是两个星期，此前没有宇航员在零重力中待过那么长时间。（当时NASA的记录是8天）如果说比如第十三天的时候出现了紧急医疗事故，航空军医希望宇航员能在距地球200英里的地方，而不是200 000英里。

有人担心穿着宇航服坐在一个跟大众甲壳虫汽车前座差不多大小的座位上两周时间可能会让人受不了。考虑周详的NASA于是发动洛维尔和他的队友弗兰克·伯尔曼在一个模拟太空舱里进行了一次双子星座七号真实模拟实验——给彩排来一个彩排。"在地球上花14天坐在一个直挺挺的弹射座椅上？"伯尔曼在他的NASA口述历史中说，"我们迅速断绝了这种抽风的念头。"[1]

实际上也不用整这些没用的，因为俄亥俄州的赖特-帕特森

---

① 作者注：伯尔曼脾气有点暴躁。用洛维尔的话说："跟伯尔曼一起待两个礼拜，在哪儿都是受罪。"

空军基地在1964年1月到1965年11月已经做过类似的没用的了。航空医学研究所的824号大楼中一共进行了9项关于“个人卫生最简化”的实验——包括为期两周的双子星座七号计划模拟——就在一个铝制模拟太空舱中。航医所的人可没乱来。他们对最简化的定义是“不洗澡，不擦身体，不刮胡子，不剪指甲，不修体毛……，不换衣服，不换床上用品，口腔卫生要低于标准，并严格限制对湿巾的使用”，持续时间依试验情况在2周到6周不等。有一组实验对象不分昼夜穿着太空服戴着头盔过了4个星期。他们的内衣裤和袜子已经彻底变质，完全不能用了。“对象C的体味让他自己反胃得厉害，还不到10个小时就被迫把头盔摘了下来。此时对象A和对象B早就已经把头盔摘下来了。”但是摘下来也没用。没了头盔之后，体味就“从增压服的领口冒了出来”，对象B在第四天将这种状况描述为“绝对恐怖”。这也解释了为什么弗兰克·伯尔曼在双子星座七号计划的第二天，在任务记录上问洛维尔有没有晾衣夹。他要拉开宇航服的拉链了。（看到洛维尔很困惑，他还解释说：“我是为了你的鼻子着想。”）

在航医所的另一个实验中，温度被调到了92华氏度[①]。模拟双子星座七号计划的队员不仅度过了两周，日日夜夜都穿着宇航服的两周，而且要和同一套不能更换的废弃物收集系统作斗争，这套系统后来也着实给洛维尔和伯尔曼带来了烦恼。

为了量化肮脏程度，空军科学家们还将实验对象——大多数是附近戴顿大学的学生——一个接一个带入一台可移动的淋浴

① 译者注：约为33.3摄氏度。

房，将冲下来的水收集起来以供分析。约翰·布朗是掌管模拟太空舱实验的长官，那个模拟太空舱的官方名称是“生命保障系统评估器”，非正式头衔是“密室”。奇怪的是，据布朗回忆，淋浴这一部分是实验对象抱怨最多的部分。因为他们冲的是冷水澡。“他们不希望热水把剥落下来的皮肤碎片给烧了。”他自然地说出了几个似乎不该出现在同一个句子里的词。

这个实验不仅让实验对象疾首蹙额，对研究者来说，也算不上如沐春风。是他们那曲折的嗅觉才使得如下结论成为可能：“体臭最重的地方是腋窝、腹股沟和脚。”

腋窝（也就是腋下）及腹股沟高居前两位，因为这里是人体顶泌汗腺所在的地方。和那些可以让人体冷却下来的外泌汗腺不同，外泌汗腺分泌的基本只是水，而顶泌汗腺产生的是一种浑浊的、黏性的分泌物；这种分泌物一旦被细菌分解，就会生成浓烈而有特点的体味。我不太清楚该怎么表述这点，或者它揭示了关于我的什么，但是我从来没在公共场合发现过体味的蛛丝马迹。味肯定有，但不是体味。我向宾夕法尼亚大学的皮肤科专家及体味研究员吉姆·莱顿请教这件事。他证实了腹股沟确实是有顶质分泌的，并坚称它有一种类似的味道。“这个不太容易感受到，”他说，“因为感觉器官离得比较远。”我决定还是随它去吧。

顶泌汗腺与植物性神经系统相关联；恐惧、愤怒、紧张都会即刻引发分泌物的增多。（测试除臭剂的公司管这种分泌物叫“情绪汗”，以便和温度引发的汗水相区分。）[1]或许你会觉得，被困在一个发射中的火箭上会刺激得一个人——用莱顿的话说——“这些腺体都要流出奶来了。”我在电话里问吉姆·洛维尔，他还记不记得在双子星座七号溅落大海后，打开舱门的蛙人说了些什么。

“你调查的可是太空飞行中很不寻常的一个角度啊。”他说。他不记得了，但是他记得一些给阿波罗号开舱门的人做出的评价：“他们在那个飞行器里吸了一口气，那个闻起来……”——洛维尔的绅士本性介入了——“跟外面清新的海风味道不一样。”

腋下的汗为细菌提供了食宿。外泌汗腺排出的汗大多只是水；它提供了细菌茁壮成长所需的湿度。富含蛋白质的顶泌汗腺分泌物则是24小时营业的餐厅。（虽然外泌汗腺的汗并不提供细菌能够食用的元素，正是这些元素分解才产生了，用莱顿的话说“整体‘芝兰之气’的组成部分，如果这么说能让你舒服一点的话”。但是外泌汗腺的汗有一种更柔和的，类似更衣室的味道。）

虽然腋下看似细菌天堂，但事实并非如此。汗液含有天然杀菌成分。虽然这种成分完全没办法把腋下细菌赶尽杀绝，但还是能限制腋下可以生长的东西的。这大概也是为什么空军那些人的味道最终达到了一个平衡值，而没有随着时间推移日益加重。技术报告指出，人体气味在7~10天的时候达到“峰值”，之后就开始

---

① 作者注：这也是为什么有些除臭剂和止汗剂的疗效测试都包括“情绪组”。这个组里的人胳膊底下夹着吸收分泌物用的衬垫坐在那里，被迫在一组人面前唱卡拉OK或者讲话。然后那些衬垫会送去称重，并由专业的气味裁判对腋下的味道进行打分。我有次为了一篇关于体味的文章被邀请去做了客座裁判。他们教我：“像小兔子一样轻嗅一下就好了。”

减弱了。用高度来形容气味有点奇怪，但还是可以想象在这种情况下，气味仿佛形成了某种身体比例，它逐渐长高，冒出头部、四肢、羽翎的样子。

苏联太空生物学家V. N. 车尔尼高夫斯基在1969年自己进行了一场控制洗澡的实验，这个实验里细菌殖民者的人头数都被点了出来。实验对象腋下和腹股沟里的细菌数量在第二周和第三周之间达到平衡值。此时的细菌数量大约是刚洗过的皮肤上细菌数量的3倍。（脚[①]和屁股除外，这两个部分的细菌数量达到7～12倍之多。）海军的一项研究也得出了类似的结论：有些实验对象的细菌数量在两周后反而开始下降了。

对于气味平衡值的另一个解释是：人类的体味会变得强烈到已经没有人能判断出它是否在变得更强烈了。韦伯定律给出的解释就是这样的。对某种气味（或声音或感觉）变化敏感度的临界值会依据背景气味（或声音或感觉）的强度而变化。比方说你在一家非常嘈杂的餐厅里，如果嘈杂声上升几个分贝，你完全不会发觉。而如果房间很安静的话，你很容易就会发现了。如果某人的腋下已经连续叫唤几天了，它叫唤得再响一点你也发现不了。吉姆·莱顿拿他儿子举了一个例子。他儿子在大学里是一名桨手，有一年他们的队伍决定所有队员都穿同一套队服，除非输掉了比

---

① 作者注：因为有汗和死皮（老茧），脚底和脚趾间的空隙成为细菌的圣地——不仅数量众多，而且种类繁杂。有一种吃死皮的细菌——乳酸短乳杆菌——会分泌出一种闻起来很像熟芝士的化合物。虽然技术上更准确的说法可能应该是某些熟芝士闻起来很像脚丫子味儿：因为在做芝士的过程中有一道工序就是移入乳酸短乳杆菌。

赛。“那年他们拿了全国冠军。你没法靠近那艘船。他们的气味可能已经到了平衡点，但在我看来都是一样难闻。”

最终，大脑将停止辨识身体的味道。用莱顿的话说：“大脑会说：‘我不用再跟你说这个事儿了吧。’”不幸的是，航医所的一组实验对象在一次为期20天的阿波罗不洗澡模拟试验中，直到第八天大脑才进入这一阶段。

NASA应该把体味嗅觉缺失症加进它的宇航员必备素养清单里。有些人[①]天生就闻不到（比如他们的嗅觉缺失是针对）体味的两个重量级角色——三甲基二己酸和雄烯酮——或至少闻不到其中之一。“你有没有在跟别人一起坐电梯的时候心想：‘这人怎么能这么个味儿就进来了？’实际上，他可能对自己的气味已经没有感觉了。”莱顿说，“如果你从来没碰到过这种情况的话，你可能就是别人这么想的对象。”

除了体味之外，对于研究员所谓的“个人肮脏度感知”贡献最大的并不是污垢本身，而是聚集在皮肤上的身体分泌物，确切地说就是：油脂、汗、头皮屑[②]。有毛发的地方就有皮脂腺；也就是说，除手掌和脚心外的任何地方，因为油脂会产生滑、绊、摔的风险，所以这两个地方没有皮脂腺是为了生命安全负责。

---

① 作者注：鹿也有可能。1944年的一期《作物保护》详细刊出了一次失败而充满娱乐效果的实验：宾夕法尼亚大学的几个植物学家试图用一种观赏植物和三甲基二己酸的混合物来防止白尾鹿进入。由此生出了一个罕见的市场营销方面的问题：哪家人受得了闻着像体味的杜鹃花啊？

② 作者注：脱落的皮肤。《多兰医学词典 Dorland's Medical Dictionary》将皮屑定义为“源自外皮的一种麸状物质”——这定义将头皮屑和早餐麦片奇妙地联系在了一起。快来试试全新的凯洛格牌头皮屑麦片吧！

1969年，苏联的一个关于限制卫生条件的实验监控了男性志愿者身上油脂——或者叫皮脂——累积的情况。（这个实验里，他们除了不洗澡之外，还“大部分时间都坐在扶手椅上”。20世纪60年代的模拟宇航员就是一个穿着脏汗衫看电视的臭男人。）在不洗澡的第一周时间里，皮肤的油腻度保持不变。为什么没有增加呢？因为衣服吸收皮脂和汗水的能力惊人。苏联研究员把实验对象洗皮肤的水收集在一个脸盆里，然后用另一个脸盆洗他们的衣服。他们比较了两者中油脂、汗液和头皮屑的总量。结果86%~93%的皮肤生成物都在洗衣服的那个盆里了。换句话说，一个人身上只有7%~14%的脏东西没有被衣服吸收。吸收力这么强的衣服材质主要是棉、棉纤混合材质以及一小部分羊毛。

苏联的这个发现为疏于卫生管理的十六、十七世纪给出了一个解释。文艺复兴时期的医生不鼓励用水洗浴。他们认为，人一旦洗了澡，移除了皮肤上的油脂保护层，就会很容易感染瘟疫、肺结核以及许多其他疾病，他们认为这些疾病是通过“瘴气”传染，并经由毛孔进入体内的。女王伊丽莎白一世是她那个时代的洁癖代表，她的名句就是：“我每月洗一次澡，不管是否需要。”许多人都是一年才洗一次的。

但事情是这样的：文艺复兴时期的男人女人们虽然不是一天或隔天就洗一次澡，但是他们会勤换衣物。而双子星座七号和航医所模拟舱的人们则没办法换内衣裤。航医所模拟舱研究的作者写道，实验对象的衣服最后开始“黏在……腹股沟和其他折叠起来的身体部位，变得味道非常重，并开始分解了”。这种情况“非常麻烦”。洛维尔告诉我，双子星座七号用的长内衣裤到任务结束时已经变形了。他说:“它们在胯部那边已经脏成一团”——甚至比一般两个星期不洗澡或者不换内衣的人还要更脏，因为一般人不会去测试NASA的新型小便管理系统，这个系统“有些时候漏得相当可观”。比方说，在飞行任务的第二天，洛维尔在向任务控制中心报告说他在向飞行器外排出尿液，并说明:“尿液并不太多，大多数都在我内衣里呢。”

终有一刻，衣服达到了饱和点，皮脂开始在皮肤上堆积。苏联研究员监控了实验对象胸口和后背上的油脂水平后得出结论，棉质衣服达到饱和点需要5~7天。但是双子星座七号的宇航员们是哪天开始注意到他们皮肤上的堆积物就很难说了。到了第十天，他们“开始发痒”，并且头皮和胯部“有点脏”。第十二天的他们是这样的:

任务控制中心:双子星座七号，我是外科医生。弗兰克，你们的乳液还够用吗?

伯尔曼:乳液?

任务控制中心:收到。

伯尔曼:我们还有一些，不过肯定用不上。我们已经要多油有多油了。

在NASA的任务记录中，乳液这个词还是很少见的。伯尔曼似乎对于NASA这么关注皮肤护理有点烦躁，好像这样会让整个任务变“娘”了似的。有一次，外科医生到麦克风前来问“你们的皮肤怎么样?”再早一些的时候，他的问题“你们嘴唇有没有发干?”让伯尔曼一点心理准备也没有。他的回答是:“再说一遍?”而你能看出来他其实听清楚了。任务第四天的时候，任务控制中心抓着伯尔曼出了多少汗这个问题不放。而伯尔曼就像他自己的表皮一样，已经达到饱和点了。他拒绝回答这个问题，任务控制中心不得不求助于洛维尔。

任务控制中心：你看着他的时候有没有注意到他的皮肤湿润了？

洛维尔：还是让他自己回答吧。

伯尔曼：(沉默)

任务控制中心：弗兰克，你到底有没有出汗啊？

伯尔曼：(沉默)

任务控制中心：双子星座七号，我是卡纳文。收到吗？

伯尔曼：关于出汗的事吗？我得说，是，我有点出汗了。

任务控制中心：非常好。谢谢。

一旦衣服达到了饱和点，油脂就开始在皮肤上堆积。那么什么时候是个头呢？如果一直不洗的话，皮肤会随着时间的流逝一直油下去吗？不会的。根据苏联的研究结果，在5~7天不洗澡不换越来越脏的衣服之后，皮肤就会停止分泌皮脂①。只有当一个人换了衣

---

① 作者注：马托尼和苏利文文章中的一张表格显示，人一天的皮脂分泌量大约有4.2毫升。这篇文章叫《在高性能的有人驾驶太空舱内一天产生的人体排泄物重量及体积概要》。4.2毫升的皮肤油脂还装不满一茶匙呢，我是用食谱转换表做出的这个换算。这两张表格协力可以帮精神错乱的人或远离尘嚣的烘焙师用皮脂替代植物起酥油，或者算出一杯面粉相当于多少脱落的皮屑。

服或者洗了澡，皮脂腺才会重新开始工作。皮肤好像最喜欢花5天时间积油玩了。《美国感染控制学刊》的编辑伊莱恩·拉森教授对角质层，也就是最外层的人体皮肤是这么说的："这层粗硬的外表经常被比作砖墙（角质细胞）和泥灰（脂质）。"它可以帮助"维持皮肤水分、保持柔韧性并有效阻挡外物入侵"。

我们动不动就把泥灰刮掉的行为是不是在破坏我们皮肤的健康呢？我们的皮肤是不是希望我们5天洗一次澡呢？很难说。但是热心洗手的人——医院员工和一些强迫症患者——皮肤确实特别容易受刺激，易长湿疹。拉森在文章中写过，一次研究中25%的护士都有皮肤干燥和受损的现象。讽刺的是，这样可能会加剧洗手本身想洗掉的东西：传染性细菌的传播。拉森说健康的皮肤每天会脱落一千万片碎屑，而其中有10%是有细菌附着的。干燥受损的皮肤则比健康润滑的皮肤更容易脱落，因此也就传播更多的细菌。受损皮肤也会比健康皮肤携带更多病原体。用拉森的话说："或许有的时候干净有点太干净了。"大多数美国人洗的频率都不足以导致皮肤问题，但是肯定也超过了必要的次数。用某个因为我把他论文的第一页丢了所以不知道名字的学者的话说："美国当今的个人卫生状况很大程度上是一种文化迷恋，而有商业利益的人在背后积极煽动。"

在太空中，就像在军队里，洗澡更多是关乎士气而非健康。太空机构在意识到一位研究员称之为"海绵擦浴的心理不足"的东西后，在20世纪60年代投入了许多时间和金钱，试图为空间站发明出一种零重力沐浴装置。早期实验过的样本之一就是"淋浴服"。我读了读它的技术报告，其中包括以下不怎么鼓舞人心的摘要："结果显示，淋浴、冲洗和干燥过程并不尽如人意。"平时的方法都不怎么有效：水从淋浴头落下来几英寸就聚集成不断变大的一团——好帅啊，但是对沐浴毫无帮助。如果你抓着淋浴头凑近自己，赶在水团聚集前碰到水，那么水会从你皮肤上弹飞，变成悬浮在空中的小水滴，你要花上10分钟把它们都抓回来而不飞出去。"最后发现最简单的做法是索性死了这条心。"宇航员艾伦·比恩说，死了这条折叠式太空实验淋浴器的心。

苏联的礼炮号空间站上用的淋浴设备是试图用气流将水向下冲到宇航员脚上的。勉强算是成功了。水团形成，然后水团常常贴在身体的凹面上，包括嘴巴和鼻孔。为了防止呛死，太空人瓦伦丁·列别杰夫和他的队友托利亚·比利佐夫伊都戴着浮潜装备洗澡。"多有异域风情的一幕啊。"列别杰夫在他的日记中写道，"一个裸男（飞）过空间站，嘴里叼着呼吸管，戴着潜水镜，鼻子上还夹着鼻夹。"不难理解，礼炮7号上的太空人就像伊丽莎白一世一样，一个月才洗一次澡。现在太空中已经没有淋浴器了。现在的宇航员就用湿毛巾擦身体，涂免洗香波。

洗澡在空间站里显得更重要，因为任务时间更长，而且每天都会有大量练习，逐渐累加到会出汗的程度。除了擦身体外，国际空间站上的日本宇航员还会穿"J衣"，这是在东京的一所女子大学里开发出来的，用的材料"有通过纳米矩阵加工技术用光催化分解污垢和体臭并防止汗臭产生的功能"。宇航员若田光一（读音是这样的，搞不好更应该叫若田更衣）就穿着这样的J内衣毫无怨言地度过了28天。

双子星座七号的宇航员只能梦想着有一件J衣这样"为太空舱

生活特别设计，日日舒适”的衣服，引用某媒体形容J衣的话说。他们的睡衣就是又热又重，体积庞大的宇航服。空军基地的双子星座七号模拟实验中，实验对象都饱受折磨，“腹股沟痒且充满刺激感”。如果你对好好洗澡勤换内衣还有什么质疑的话，我给你个理由：洗澡习惯不良的人，或者20世纪60年代受制于空军卫生限制令的人，他们的粪便细菌会迁居。赖特-帕特森空军基地的研究员在这些人身上选了13个取样点来检查大肠杆菌。结果发现大肠杆菌已经离乡背井到了一个夸张的程度。粪便细菌已经进入了这些人的眼睛、耳朵，在其中两例中，它们连脚趾也没放过。苏联那些在扶手椅连坐了30天的实验对象中，6个人有5个都得了毛囊炎——也就是皮肤毛囊的细菌感染。3个人生了疮——这是一种极其严重的，肿胀、疼痛的毛囊感染。（苏联的报纸用了老式的“疖”这个词。你都恨不得自己也长一个出来好让你能走来走去到处跟人说“疖”。）

洛维尔不记得自己有什么皮肤问题了。他对我说：“主要是因为零重力。这是整件事的关键。”当一个人飘在他椅子上方几英寸，当他的手臂悬停在他身体两侧，他就会比较少有又潮又脏的衣服摩擦久汗未洗的皮肤造成的磨损和刺激感了。宇航员的内衣不会贴在他们的屁股上。所以汗液里潜伏的细菌，不管是什么细菌，都没办法在毛囊着陆。有一种病叫作热浴缸毛囊炎，通常会发生在泡热浴缸的人的屁股上和大腿及背部——也就是摩擦和压力最大的地方。（热浴缸里的水是很热，但是没有热到能杀死细菌的程度。未经处理的热浴缸其实特别——用亚利桑那大学的微生物学家查克·格巴的话说——“大肠杆菌浓汤”。）

双子星座七号第六天。弗兰克·伯尔曼在话筒前。交流一直是充满男子气概和行话的空对地交流。直到：

任务控制中心：双子星座七号，这里是外科医生。

伯尔曼：（沉默）

任务控制中心：双子星座七号，这里是外科医生。弗兰克，你们那里有头皮屑问题吗？

伯尔曼：没有。

任务控制中心：再说一遍。

伯尔曼：没，没有！

伯尔曼中校不愿意谈论护肤问题。但是晚些时候在他的回忆录里，他会写道“我们的头皮”以及他经历的“终极头皮屑”。虽然严格说来那个很可能不是头皮屑。头皮屑是由受感染的皮肤对油酸发生反应造成的，而油酸是你头皮上的球形马拉色菌吃了你的脑油排泄出来的东西。你要么对油酸敏感，要么就不敏感。如果伯尔曼上太空前没有头皮屑，那他上去以后也不会有，这是皮肤科专家吉姆·莱顿说的。莱顿有一次花钱请囚犯们一个月不要洗头，就是为了看看他们会不会长出头皮屑来。结果没有。伯尔曼头上和皮肤上的“雪花”最有可能是成千上万堆积起来的蜕掉的死皮——通常这些死皮洗澡的时候就被洗掉了——外加皮脂的混合物。

南极洲的气候也差不多干燥，洗澡设施也差不多没有，即便有也差不多麻烦，于是长达6周的南极陨石搜寻任务就变成了太空卫生状况的一个极佳模拟。“6周的死皮足有整整两层。”小组长拉尔夫·哈维说。有时洗第一个澡的时候它们会集体掉下来。哈维承认说，有次他自己也被这一奇观吓到了。“我记得回到家洗澡的时候，手指背上整个一层就像翻盖一样直接掉下来了。”

在南极洲头皮屑可以忍受是因为你可以走到住所外面去抖一抖你的睡袋和保暖内衣。在太空或模拟太空就不行了。海军太空舱模拟实验的记载到最后就像滑雪报道一样：“有一层细密的粉状鳞屑覆盖在舱室地面上。”

在零重力情况下，这些碎片永远不会掉落。我问过洛维尔。我非常确定我的原话是：“就像一个雪球一样吗？”他说他不记得有雪球一样的东西。或至少没有“这样重量级的事情这些年间一直萦绕在我心头”。（至于这些年间一直萦绕在他心头的是什么事，请见第十四章。）

整体上头部就是个问题。我们大部分的皮脂腺都贴在毛孔上，因此，头皮如果一直不洗，很快就会变得油油的。油到16世纪那些有恐澡症的人们都会在睡前拿粉或者麸子往头皮上揉，就像如今的房东会往发动机漏出的油上撒猫砂一样。而皮脂就像汗液一样，在被细菌分解的时候也会发散出特别的味道。“至少有两名太空实验室的宇航员反映说他们的头发出令人作呕的气味。”太空心理学家杰克·斯塔斯特在1986年NASA关于太空站宜居度的一篇报告中是这样记录的。

伯尔曼和洛维尔并没有像NASA原本计划的那样，整个任务期间都待在宇航服里。任务第二天，航空军医查尔斯·贝里开始代表他们游说NASA管理层。后来他们达成了一个协议：必须保证有一个人穿着宇航服（以备突发卸压事件的发生）。伯尔曼抽到了下下签，洛维尔钻出了他的宇航服。洛维尔回忆说，有好几年的时间，他的儿子都会对朋友说："我爸爸只穿着内裤绕地球轨道运行过！"

到了第55个小时，伯尔曼把宇航服拉链拉开，脱了一半。到第100个小时，他向NASA管理层请愿，请求允许他把宇航服全脱掉。5个小时之后，休斯敦发来回复。伯尔曼可以脱掉宇航服，但前提是洛维尔必须先把他的宇航服穿好。洛维尔试图拒绝（"如果你们不介意的话，我比较希望可以保持现在这样"），但是NASA立场坚定。第163个小时：洛维尔穿上了，伯尔曼脱掉了。最终，贝里获得了胜利，两个人都脱掉了宇航服。否则，就像贝里在口述回忆录里讲的那样："我觉得我们没办法在太空舱里待满14天……两个大男人穿着宇航服，像这样坐着，你的腿放在他的腿上，这个情况太艰难了。"

其实情况还可能更糟。不信你在床上躺3个月试试。

第 11 章　水平的东西

永远不下床怎么样？

里昂·M看似一无所长。他的过去一团糟，债务拖了又拖，他最近一份工作是保安。这段时间，里昂几周待在床上不下来，在床上看电影，打游戏。然而在这身运动裤和文身下面却有着宇航员的某种特质。里昂的骨骼跟太空中宇航员的骨骼正在以几乎同样的速度退化着。

里昂是由NASA出资在德克萨斯大学加尔维斯顿分校飞行模拟研究小组（飞模组FARU）进行的卧床研究的一部分。在长达几十年的时间里，世界各地的太空机构都在给人们相当可观的报酬让他们白天黑夜地穿着睡衣晃来晃去。里昂即是如此。他是从霍华德·司德恩的滚动头条摘要中得知这个消息的：NASA给你钱让你在床上躺着。

3个月的时间，每天24小时，里昂从不起床干点什么——连坐都不坐起来：不起来洗澡，不起来吃饭，不起来上厕所。卧床休息是对太空航行的一种模拟，或者叫模仿，因为脚不着地会同样造成某种身体退化，而这种退化和失重造成的退化是一样的。最主要的是骨骼变细，肌肉萎缩。太空机构研究这些卧床的人是为了试图了解这些改变，并找出抵消这些变化的最佳办法。

卧床研究通常会评估药物或运动器械是否会起到帮助。里昂参与的这项研究则要简单些。研究员只是在比较男人和女人身上发生的改变有什么差别。里昂暂停了智能手机上正在放的《夏威夷神探》，这手机是他用赚来的第一张支票从网上买的。“所以基本上，是啊，我就是在退化。他们想看的也是这个。”他说这话的兴奋劲儿就像别人跟你说他升职了，或者在牌桌上赢了一晚上似的。里昂的颧骨很高，头发略长，很有弹性，笑容非常迷人。

人体是一个很节约的承包商。它总是让肌肉和骨骼维持在刚刚好的强度，一点也不多，一点也不少。“用进废退”是人体的一个基本原则。如果你开始跑步，或者胖了30磅，你的身体就会相应地强化你的骨骼和肌肉。如果你不跑步了或者减掉了这30磅，你的骨架就会相应缩水。宇航员在回到地球后（或者那些卧床的人重新开始起床后）几周之内肌肉就会长回来；骨骼则需要3~6个月的恢复时间。有些研究显示宇航员在从长期任务返回后，骨骼始终无法完全恢复，也正是因此，骨骼是像飞模组这种地方重点研究的对象。

身体的“当值领班”是一种叫个骨细胞的细胞，它广泛存在于骨基质中。每次你去跑步或者搬个重箱子，都会对你的骨骼造成轻微的伤害。骨细胞会感应到这种伤害，并派出一个修复小组：破骨细胞负责清理损坏了的细胞，成骨细胞则用新鲜的细胞把洞补好。这种再造会增强骨骼强度。这也是为什么有北欧血统的小骨架纤瘦的女生可以试试通过像跑步这样震动骨骼的练习来塑造出颀长的身材；北欧基因本身会让她们成为在绝经后更换臀部的最终人选。

同样，如果你停止了对骨骼的震动或施压——比如去太空，或者去坐轮椅，或者去参加卧床研究——那么感应张力的破骨细胞就会移除一部分骨质。人类机体好像对流线型有着某种偏好。无论是肌肉还是骨骼，身体会尽量不把资源浪费在没用的功能上。

以上这些都是汤姆·朗告诉我的。他是旧金山加利福尼亚大学的一名骨科专家，也研究宇航员。他告诉我，是德国的一个叫作沃尔夫的科学家在19世纪初通过研究从爬行过渡到走路的婴儿臀部X光片得出的这一结论。“为了支持与走路相关的一系列机械负荷，骨骼结构经历了一次全新的进化。”朗说，“沃尔夫的洞察力非凡——形式是为功能服务的。”唉，可惜沃尔夫对于用19世纪初期X光机进行不必要的X光照射会导致癌症这点没有非凡的洞察力啊。

那么，情况会有多坏呢？如果你无限期地脚不着地，你的身体会把你的骨架完全拆除吗？如果一个人永远不起床，他会变成水母吗？答案是不会的。截瘫患者的下半身最终会失去1/3~1/2的骨量。斯坦福大学的丹尼斯·卡特和他的学生们做了一个电脑建模，结果显示，一次长达两年的火星任务基本就可以对一个人的骨骼造成和截瘫相同的结果。那么，一个从火星回来的宇航员有没有一迈出太空舱进入地球引力，当即就折断一根骨头的危险呢？卡特认为有。这种情况是很有可能的，因为有材料显示，那些患有极度骨质疏松症的女人，只是站着的时候重心从一只脚换到另一只脚，臀部（实际是大腿骨顶端连接骨盆的部分）就骨折了。她们都不能说是摔断了一根骨头，她们是断了一根骨头所以摔了。而这些人的骨质流失通常都接近50%。

NASA出资支持了包括卡特电脑建模在内的工作组。“但是看上去好像NASA那边没人读过我们的报告。”他说，“他们总觉得他们送宇航员上天，几个月后骨质流失就会逐渐减缓，但是返回的数据根本不是这样。如果你要考虑一个长达两年的任务，后果是非常可怕的。”

有些卧床研究机构管他们的志愿者叫“地航员”。一开始我以为他们这样叫只是为了让志愿者感觉自己的工作很重要，就好像管清洁工叫卫生工程师一样。不过这3个月日复一日的地航员任务与宇航员环绕地球轨道的任务确有很多相似之处。每天早上广播里会放起床音乐。（太空站放的是金属乐队[①]；飞模组放的是“贝多芬的什么东西”。）你把自己关在一个小房间或者一组房间里，如果你想出去就会遇到麻烦。隐私是基本没有的。在飞模组，闭路电视都正对着床，以便员工确认大家都平躺在床上。（实验对象只有在用便盆的时候才允许拉上床边的帘子。）牢骚大王不适合来这里。里昂说他在这里待到一半的时候有段时间很烦躁，但是他“这么活泼，他们没有发现”。在我跟里昂相处的这半个小时里，我只听到他抱怨了一次，是跟鸡肉有关的。“他们给的都是鸡丁，我想吃有骨头有皮的鸡肉！不要再给我鸡丁啦。”

谈话到此为止，因为里昂的按摩时间到了。跟宇航员不同，卧床实验的对象每隔一天会有一次按摩，以缓解休息带来的常见并发症——腰疼。显然，以前的医生还会建议腰疼的病人卧床休息呢。《关节、骨骼、脊椎》[②]2003年的一篇文章提到，不管腰疼的病因是什么，尽可能不在床上躺着几乎永远是最正确的选择。没有

---

① 作者注：宇航员的家庭会轮流选择音乐。双子星座计划时，任务控制中心会放音乐给他们，但不一定是让人开心的。这点从双子星座七号的记录就可以看出来：

指令舱宇航通信员：……你们喜欢这个音乐吗？

首席飞行员弗兰克·博尔曼：我们把它关了。我们刚才有点忙，就关掉了一会儿。

指令舱宇航通信员：好吧。他们现在会给你们放一些好东西，夏威夷风的。

② 作者注：这个名字在学术期刊中罕见地短。比它更短的只有一本《肠子》了。不信你看这本：《美国畸齿矫正学与颌面矫形学，美国正畸医师协会、其分会及美国正畸委员会官方学刊》。

了体重的压力，脊椎的弧度会减小，椎骨间盘也会吸收更多的水分。宇航员在太空待一个礼拜左右会长高2.5英寸（一般是会高出身高的3%）。就像小孩一样，如果设计时没有考虑到这种“生长”的话，他们的宇航服都要不能穿了。

亚伦·F已经“不能出头”8个星期了。（“不能出头”是说他的床倾斜了6度。既然失重会让体液涌到上半身，卧床必须也要达到相同的效果。）他的床边有一个大电扇正在以最高速度旋转着，倒不是为了让他凉快，而是为了盖住外面走廊里的噪音。他感觉自己被困住了，无法逃离。更糟的是，他的室友提姆还在“不需卧床期”。提姆也大头朝下了几天，但是现在他可以穿着拖鞋在房间里转悠，可以在床上盘腿坐着。他这时候就盘腿坐着呢。

厨房的员工推着服务车走进了房间。

“一天中最棒的时候来啦！”提姆说。他看上去是真心为医院的食物欢欣鼓舞。亚伦也接过了自己的托盘，没有说话。他用一只手肘支撑起身体。看到一个人斜躺着吃饭还是挺奇怪的。很像《一千零一夜》里某一幕中枯燥乏味的一节：男人歪在枕头上，用一只手吃东西。

提姆用叉子指着，带领我参观了他的晚餐：“这里有鸡肉……”

我瞬间想到了里昂。“是切块的吗？”

“是切块的，没错。你几乎都能把它们卷起来！这边还有胡萝卜片……”他讲话有一种销魂的调调，仿佛我们在看的是一枚古西班牙金币一样。“……苹果片、牛奶、两个卷饼、果冻。我真的很喜欢这里的吃的！”

亚伦也想努力说些积极的话：“菜品很丰富。”然后他又纠结了，“不过，每天的丰富都一样。我们老是吃鱼……”

“哦天哪！”提姆又接过了话头，“那个鱼好吃死了！”

提姆第一次来这里是几年前了，现在又再度入伍。他的墙上有一个标语：欢迎回来，9290。是用隔壁儿科肿瘤区借来的带闪粉的笔写的。

我还没来得及拦住他，提姆又爬下床去问厨房员工有没有多出来的饭可以给我吃了。

亚伦很焦虑，动来动去的，他轮流把腿立起来，在床单下形成一个A字形，再把腿伸平。就像里昂和其他我访问过的人一样，亚伦来这里也是为了还信用卡账单。卧床研究是当代的债务人监狱。它不仅报酬高——3个月就有17 000美元——而且基本没什么机会花钱。3个月里不用付房租，不用买菜或者付煤气账单，不会去酒吧花钱，不用飞来飞去。卧床实验可以强迫一个人戒掉自己的坏习惯。（但也不是完全有效，比如对网购。飞模组简直是本地UPS线路上最繁忙的一个投递点了。）

提姆读的是商科，但是毕业后没有钱开公司。他搬进了一家内观修行处，因为他觉得应该好好深思一下自己的未来，而且“他们有吃的，还不要钱！”在想了很多事也吃了很多米之后，他决定要做一名演员。接下来的4年，他成了一名“饥饿艺术家，真的很饿”，然后他听说了飞模组这里的研究。研究结束后，他回到了演艺圈，在新罕布尔什州的一个剧团演出“儿童版麦克白”，儿童版麦克白这个东西有点吓到我了。当有机会重新回到飞模组时，他抓住了这个机会。这几天他正打算在无比发散的职业规划中做出选择：成为休斯敦警察、开一家自助洗衣店、去海军后备军官学校、开一家景观绿化公司、做一个励志演说家。他正在经历的是，用他自己的话说，“四分之一人生危机”。

飞模组经理乔·内杰特说，参与卧床研究的人中有30%都说他们不只是为了钱，而是为太空计划出自己的一份力。就像里昂说的：“这是我最接近成为一名宇航员的时刻了。”至少，与太空飞行的联系还是给了这项工作一些光彩的。了解到这些，员工们也会恳请宇航员签个8~10张照片给他们。每隔不久还会有一名宇航员来亲自分发这些签名照。亚伦就见过一个谁，不过他不记得名字了。提姆收到了一张佩吉·惠特森的签名照。（他说她是“一个彻头彻尾的BAMF[①]宇航员”。）

提姆从厨房回来了。厨房没有饭给我吃，没关系啦。“我错过什么了吗？”

“嗯。”亚伦说，“我往左挪了一点。”

约翰逊航天中心里骨架最大的人是约翰·查尔斯。查尔斯身高6英尺7英寸[②]。10岁的时候他就知道自己想要成为一名宇航员。它的骨架，仿佛知道自己在太空中会发生什么一样，长过了宇航员的身高上限，破坏了查尔斯的梦想。查尔斯拿到生理学博士后就去为NASA工作了。他的工作就是尽其所能保护宇航员的身体与骨骼。

---

① 作者注：我不得不去Google上搜了BAMF的意思。它的意思是混账东西（Bad Ass Motherfucker），但是千万不要告诉伯克利大街门诺派联谊会（Berkeley Avenue Mennonite Fellowship）和大都会弗林特建筑者协会（Builders' Association of Metropolitan Flint）。

② 译者注：约2.04米。

查尔斯和我在最近的一个下午谈了一次话，在约翰逊航天中心与约翰逊同名的公共事务楼里的林登·B. 约翰逊会议室。角落里安静地坐着一名公共事务办公室的看护人员，好像如果没有他在场的话，查尔斯和我就会迫不及待地在约翰逊时代的匾额以及签署的声明丛中投入彼此的怀抱似的。查尔斯肯定让公共事务的人很紧张。他是出了名的想到什么说什么，只顾下令不管后果的。

就像在地球上一样，承重练习是保持骨密度的最好方法。但显然，在零重力环境下你得去制造一个重量。又麻烦又贵的方法就是给太空站再装备一个旋转房，用一个巨大的，可以住人的离心机把宇航员向外甩到墙上，制造出人造重力。（在《2001：太空漫游》里，凯尔·杜里亚就是在这么一个东西上跑步来着。）相对比较有趣也负担得起的做法是在宇航员跑步时，把他们的身体向下拉到跑步机的跑步板。这个基本上只要一个套子，几根蹦极绳，许多咒骂和皮肤摩擦就可以办到。骨质流失研究员汤姆·朗说这种设备能够造成跑步人体重70%的重量感，结果仍然算是“大规模骨质流失”。

至今仍不确定要做多少锻炼才会有帮助。“在太空中锻炼应该比不锻炼要好。”查尔斯说，“但我们也不知道好多少，因为我们从没做过实验。”没有人想要做完全不锻炼然后骨质疏松的对照组啊。“如果我们有几百名宇航员，锻炼的程度都不一样，你就可以给他们分组，看这一组做得比较少，产生了这个结果；这一组用的是跑步机，不是自行车，产生了那个结果。但是我们没有这么大的基数。我们有一个人用了自行车，没用跑步机，一个人用了自行车然后换成跑步机，第一个是四十几岁的女性，第二个是六十几岁的男性。我们能做的只是某种小组平均值。而小组平均值显示我们的措施对宇航员的保护还没有达到我们所希望的程度。”朗说，从6个月太空站工作返回的宇航员都比离开时减少了15%~20%的骨质。

飞模组最近进行了一项研究，是用震动作为预防骨质流失的手段。研究对象的锻炼就是用松紧带拉住他们，松紧带的另一端插进装在床尾的一个震动盘上。就跟你在网上看到的可以增强骨质和肌肉，减肥和减小腹的那种震动盘一样。我在这里看到这些还吃了一惊。约翰·查尔斯也是。我向他问起用震动作为防止骨质流失的措施时，他说：“已经结束了啊。不管用。”飞模组的同意书里说投资人与震动机有“关系”。是他帮助发明的这个机器。

卡特听说了震动研究也非常惊讶。他说在动物研究中只有一例有前途的数据，就是震动可以加速骨折愈合。“但是有些动物本身骨量就很少，震动很难对骨量有什么改变。”

震动疗法虽然不管用，但也曾轰动一时。1905—1915年的医学期刊上到处都是“震动按摩”和震动按摩治好的各种疾病：心脏衰弱、游走肾、食道剧烈痉挛、内耳黏膜炎、耳聋、癌症、视力不清，还有好多好多的前列腺问题。一位科特尼·W.施罗普希尔医生在1912年写道，自己看到“一种特殊的前列腺涂药器，润滑很好，连接在震动机上，引入直肠”，印象十分深刻。他能够借此“清空精囊里的分泌物”。的确。施罗普希尔的病人每隔一天就会来治疗，而且毫无疑问肯定也跟震动机产生了某种关系。

提姆和亚伦都没有参加运动研究。“允许自己萎缩是我这辈子做过最难的一件事了。”提姆说。在开始这个研究前，提姆每周跑3

次步，每次跑3～5英里。他自己发明了一种应对措施。“我听说越南有个战俘。”他停下来吃了点果冻，勺子敲着碗发出声音。“他们把他关在笼子里。”叮叮叮。“每天他都在脑海里打高尔夫。结果他的高尔夫成绩提高了6杆！”他靠回到枕头上。“所以，我可以想象自己在跑步。”

亚伦正在把晚餐卷掰成小段，一边沉默地听着我们说话。他把脸转向我们：“我会在脑海里练习扎马步。”他说他想建议NASA征集一些瑜伽大师或者和尚来教宇航员怎样在头脑中对抗零重力带来的影响。而我在脑海中一边想象这画面一边偷着笑。

餐车又回来了，把托盘拿走。护理人员把提姆的杯子放回桌子上：“你的牛奶没喝完。”她说。食物摄取也是明文规定的研究的一部分。他们还雇了学生来监督卧床人员，确保他们没有把食物塞在床垫下或者藏在天花板瓷砖后面。（两种情况都发生过）

“你必须得把东西全吃光。”亚伦说，“他们会把你装枫糖浆的小盒子拿回来，让你把里面剩下的喝完。”

佩吉·惠特森就经历过让丹尼斯·卡特和约翰·查尔斯担忧的状况。这一状况就是：宇航员在太空中几个月几年都处在失重状态，骨头和肌肉都萎缩了，然后突然出现了紧急情况：太空舱急速坠毁，需要承受超常的重力，还要跳出舱门，把同伴拖出来。惠特森的这次事故，我们已经说过了，是在2008年。她和另外两名宇航员从国际空间站回来的时候经历了一次弹射再入，落地重力达到10G，落地时溅出的火花点燃了周围的草坪，同行的宇航员李素妍后背受伤。

我跟惠特森[1]聊了这次事件。约定采访的那天，电话系统出了些技术问题。惠特森的声音出现在电话另一端时，分配给我的15分钟时间已经过去了6分钟。我从礼节性问候直接就跳到了起火和骨折事件。“指挥官，我对您无比敬仰。您被迫从联盟号太空舱跑出来的时候有没有担心过自己的腿会断呢？”

“没。”惠特森说。她当时有更紧迫的事要考虑，比如再入时在8G的重力下呼吸，还有不要在她们着陆的草地上当着哈萨克农民的面吐出来。

惠特森说，第一次上国际空间站的时候，她一直在锻炼，到出发的时候，有些骨头比以前还要更致密[2]。她整体的骨骼缺失还不到1%。“我做了好多蹲起，屁股都变大了。”汤姆·朗一直在研究国际空间站宇航员的骨骼。他对于这样的事还是不太放心。从国际空间站返回的宇航员整体骨质可能跟任务开始前非常接近，但是骨质的分布有所不同。大多后生的骨骼都长在支撑人走路的部

---

① 作者注：就像宇航员的所有活动一样，采访也是有计划有时间限制的，就像小型空间任务一样。惠特森和我的采访两次中止又重排时间。终于开始采访时，我的电话是通过一个接线员转接给惠特森所在的小隔间的。时间在流逝。“我这边没有听到回应。”接线员说，“你预约的是几点？”我告诉她12：30。“好的，你打早了。”她说，“我这边是下午12：28。”你可以听到NASA的电视评论员在说什么：“睡眠时间计划于中央标准时间凌晨1：59开始。队员将于中央时间上午9：58被唤醒。”吃了安眠药吗？必须的。

② 作者注：你经常会读到宇航员在零重力下头骨会变得更厚。我猜是因为上半身的液体都涌向了大脑，而身体对此的反应是增加颅骨的厚度——就好像血压增高后，身体的反应是增加血管的厚度一样。“这个想法很有意思。”NASA的生理学家约翰·查尔斯说。然后他告诉我其实在太空生活不会让宇航员的头骨变厚。或者至少不是真的变厚了。查尔斯说他们倒是都会得“太空愚蠢症”——由“睡眠不足、时间排得过满，以及其他我们塞给宇航员的无理举动”造成的认知障碍。

位，但是臀部在摔倒时会折断的部分已经无法复原了，于是像惠特森这样的女人退休后会很容易骨折。

你在摔倒时，你臀部的顶端——或者更确切地说，你大腿骨顶端的股骨颈和大转子——会承受侧倒时的主要冲击力。这个部位可不是跑步或者做蹲起时得到锻炼的部位。走路和每天运动会受到压力的那部分骨骼随着年龄的增长都还保持得相当好。身体会重新分配给这些部位的骨骼——花的就是其他地方的骨头，比如你摔倒时会着地的那些。也正是因此，一些骨质疏松症的专家认为防止跌倒比负重练习更能保护臀部。

我问汤姆·朗有没有人想过这种可能：每天拍一拍老年人臀部的侧面，一天拍几次，来防止臀部骨折。当然不要拍得太重，拍坏了也不行，只要冲击力足以刺激骨细胞来增强这部分结构就可以了。我没想到答案是肯定的。他叫我联系斯坦福大学的丹尼斯·卡特。

我给卡特打了电话。他说："这只是个概念。我们从未证实过。"他们不是拍，而是捏。"你坐在一张长椅上，然后有东西在旁边捏你的屁股，就在摔倒时会撞到的大转子那里。"看上去像是个很聪明的点子，但是卡特去找的公司不肯做。因为他们怕万一腿断了女士们会告他们吗？"这个，是的。另外我想可能他们觉得太奇怪了。"

那么一个人有没有可能做一些有控制的摔倒练习来增强自己臀部的骨骼呢？我又没想到，答案还是肯定的。卡特告诉我俄勒冈州立大学的骨骼研究实验室有一个本科生在研究这个问题。这个学生叫简·拉里维尔。作为她论文的一部分，研究对象会侧躺着，把自己抬起4英寸，然后落在木地板上。他们要每周3次做这个动作，每次连续落30下。最后，扫描显示他们落地那半边的股骨颈比没落地的那边骨密度数据出现了虽然细微但十分显著的增长。拉里维尔的一位教授托比·海耶斯觉得，如果冲击力再强一点，研究时间再长点，结果一定会更明显。

如果你真的直接摔倒，其实没什么特别有效的预防措施。钙会碎裂。某种程度上说，锻炼也是一样。双膦酸盐又被审查了，因为有些病人用了以后出现了颚骨坏死。约翰·查尔斯承认："现在的应对措施跟40年前完全一样。"

但是宇航员不在乎。"他们想去火星。"查尔斯说，"他们参加这个项目就是为了去火星。"

惠特森相信到载人火星任务实现的时候，会有人造出一种又好又安全的药物来解决这个问题。更可能发生的是到时候，基因测试会在宇航员选拔中扮演重要角色。（遗传成分对骨质流失的影响很大。）查尔斯想象NASA会招一批"几乎刀枪不入"的火星宇航员，"一辈子从没得过肾结石，天生骨密度高，胆固醇指数良好，对辐射极不敏感的人……"

黑人女性的骨骼平均比白人女性和亚洲女性要密7%~24%。（我这里没有黑人男性的数据，但是按说他们的骨头应该也更结实。）我问查尔斯NASA会不会考虑招一批全是黑人的火星宇航员队伍。他说："干吗不呢？毕竟过去几十年我们的项目都是金发碧眼的人。"

骨质流失这个难题的另一个解决办法是可以招一批全是黑熊

的队伍。黑熊在窝里睡上4~7个月，爬出来的时候骨头还跟睡前一样硬。有研究员认为，在冬眠的黑熊身上能找到预防和治疗骨质流失的方法。我采访过这些研究员中的一个，塞斯·多纳休，密歇根理工大学生物医学工程的一名副教授。多纳休说，冬眠的熊骨骼的确会变得脆弱，就像卧床人员和宇航员的骨骼一样。不同的是，他们的身体会将血液中的钙和其他流失的矿物质重新补回到骨骼上。不然他们血液中的钙浓度过高，会有生命危险。因为在这4~7个月中，熊是不会起来上厕所的。所以在骨骼自我拆解的过程中，所有排出来的矿物质都留在了血液里，慢慢堆积。“所以它们进化出了一种循环利用这些钙质的机制”。也就不会死了。保护骨骼密度只是这一过程的“一个幸运的巧合”。

多纳休和其他研究员一直在研究控制熊新陈代谢的激素，试图找出某些能够帮助更年期后妇女（和宇航员）长出新骨骼的成分。他们现在在研究熊的甲状旁腺素。多纳休有一个公司在做人工合成的甲状旁腺素，现在已经在注射给老鼠来进行实验，如果顺利的话，最终也会注射给更年期后的妇女进行实验。即便是人类的甲状旁腺素也会让女性的骨骼生长。这是增加更年期后骨骼密度的最有效的方法之一。不幸的是，注射量过高会导致小白鼠患骨癌，因此食品和药物管理局限制了一年的处方量，也限制了对已经骨折的妇女的使用。多纳休说，熊类的甲状旁腺素尚未显示有不利的副作用，所以双掌合十祈祷它成功吧。

冬眠的熊让NASA感兴趣还有一个原因。如果人类可以冬眠，在长达两三年的火星任务里，有6个月可以只吸入四分之一的氧气，不吃不喝，发射时能省下多少食物、氧气和水啊。（航天器上装的行李越少，发射起来就越便宜。一旦达到可以逃离地球引力的速度，离开了大气层的拉扯，航天器基本就是一路滑行到火星了。）发射时每增加一磅的重量，就要增加几千美元的项目预算。科幻小说作者几十年前就在觊觎这个主意了，纷纷把他们想象中的航天器装备成一个高科技环境可控的冬眠场所。

太空机构到底有没有讨论过人类冬眠的问题呢？真的有，而且还在讨论。“这个话题从未停止，”约翰·查尔斯说，“只是冬眠了。”查尔斯本人对这种可能性不抱太大希望。“即便冬眠成功了，我们真的会减少3年火星任务的装备吗？万一冬眠失效了，大家都醒过来怎么办？你要带多少备用的氧气和食物呢？备用储备的数量什么时候会大到冬眠省下的费用不足以弥补它呢？”

行不通的另一个原因是：熊会在蛰伏前大吃大喝，储存充分的脂肪，然后冬眠时通过消耗这些脂肪来获得水和能量。华盛顿州立大学的熊类中心表示，一只小熊（跟宇航员体积差不多大的熊）在此期间每天要吃掉其体重40%的苹果和浆果，也就是每天要吃65磅食物。

6个月只靠脂肪生存，即使是你自己的脂肪，恐怕也不是什么健康的生活方式，除非你的身体已经想办法适应了。还有一个冷知识：冬眠的熊体内“坏”胆固醇的水平非常高。（不过它们“好”胆固醇的水平也很高——大概也是因此我们才不大听有熊得心脏病的吧。）

卧床者不是熊。他们必须要吃、喝、排泄，而最后一项正是提姆的祸根。在飞模组，便便要在床上进行，没有其他选择。平躺着用便盆，就像我婆婆珍妮说的，是非常奇怪而且不自然的“办事”方法。于是提姆坐起来了，结果被摄像机拍到了。摄像机本来是对着他室友亚伦的床的。（他没把那边的帘子拉上因为亚伦不在房间。）“我没想到问题会那么严重。”他说，“但是这样真的把科学数据给毁了。[①]”提姆只得离开。

里昂对于卧床的这个方面没有什么问题。“几次之后，它就变成了第二天性。我拉得……可多了。我比其他人至少要多4～5次。到3个月结束的时候，我可能得有260次上下了……”这也是卧床者和宇航员不同的地方之一，采访他们的话题百无禁忌。

连性事都可以问。早些时候，乔·内杰特给我看了淋浴区，这是一个铺着瓷砖跟马棚差不多大的房间，里面放着一张防水轮床。“那么淋浴。”我说，“是他们唯一的……私人时间了，你明白我的意思吗？”

“我明白……”乔说。然后他开始聊新换的淋浴头，以前用的是餐厅洗碗机用的那种工业喷头。我不太确定他到底明白我的意思了没有，于是我就去问里昂了。里昂承认浴室是“大多数人干那个的地方”。就和轨道中的宇航员一样，飞模组对于手淫没有官方的明文规定。里昂，因为是里昂嘛，就去问了负责的心理学家。“我是说，如果这样的事会影响实验什么的，我就不搞了。”心理学家脸红了，然后给了里昂一个默许，把后勤决定都留给他自己了。

宇航员迈克·柯林斯在回忆录中提到过，阿波罗时代的内科

---

① 作者注：研究对象作弊的频率有多高？扫了一眼《豚鼠零》杂志上的海报，我得说相当高。一个药物研究小组的研究对象在谈起应该是盲对照组的话题时说：“每个人都把自己的药掰开，看看里面是不是淀粉。”

医生会建议执行长期任务的宇航员定期手淫，以免患上前列腺感染。而柯林斯自己月球任务的航空军医则“决定忽略建议”。忽略似乎自古以来就是人类性欲的基本应对措施。在俄罗斯太空机构也是这样的。太空人亚历山大·拉维金告诉我，他也听说过长期禁欲会导致前列腺感染，但是太空机构假装这件事不存在。“你要怎么处理是你自己的事情。但是大家都在做，大家也都理解。这没什么。我朋友问我：‘你在太空中怎么做爱啊？’我说：‘用手！’”至于后勤方面，“有这种可能。有些时候就在睡觉时自动发生了。这是很自然的。”约翰·查尔斯告诉我他听说过前列腺健康和“自刺（自我刺激）”间的关系——在NASA，什么东西都有个缩写——但是从没听说过关于环轨道手淫的正式讨论，正方反方都没有。

或者有双方参与的性行为，相关讨论也是没有的。在飞模组这里，这一点虽然间接，但在规则里是有的。来访者不允许坐或躺在床上。“我老婆不介意。”里昂开玩笑说，“这是我离开的好处！”我又来了一下他的房间跟他道别，结果他不停给我看电脑里他家人的照片。

“我差不多该走了，我知道你还要……”

里昂露齿一笑：“无所事事吗？”

第 12 章　三海豚俱乐部

无重力交配

我给肖恩·海耶斯打电话的时候，他正在把湿衣服脱下来。海耶斯是一位海洋生物学家，他的论文课题是斑海豹的交配策略。鉴于漂浮在水里对于模拟漂浮在零重力的状态十分有用——正因为十分有用，所以宇航员都在一个大池子里练习太空行走——再考虑到找一个海豹专家（天，海豹啊！）比叫NASA来讨论失重性爱要容易得多，于是我就来找海洋生物学家了。

“它们是很谨慎的。”[①]海耶斯说。他指的是所有的无耳海豹（跟那些在岸上交配，马戏团里顶球的有耳海豹不同）。海耶斯造了一个特殊装备来监视野生斑海豹，但仍然没有抓到过一丝鳍足类的幸福片段。在斑海豹的自然栖息地里，它们就像太空人一样，做事时从未被发现过。如果你想看它是怎么完成的，你只能把一对海豹丢到游泳池里。海耶斯给我发了一篇论文，是两个约翰·霍普金斯大学的研究员写的，他们就这么办了。

生物学家观察的结果证实了我的猜想：在性交的时候，重力会助你一臂之力。“雄性海豹大部分时间都要紧紧抓着雌性海豹，试图继续并保持交媾体位。”研究员是这样写的。雄性用他的牙齿当第三只手，咬住雌性的后背，以防止双方漂离彼此。[②]有一张照片拍的是这对脂肪厚厚的情侣在游泳池底，试图对抗牛顿第三定律：

---

① 作者注：要是你的前戏包括“叽叽喳喳地发出开门声”和浮上水面来“在对着对方的脸沉重呼吸时保持眼神交流”，估计你也得谨慎地不让人看见。

② 作者注：关于低重力性爱有多困难的进一步证据来自海獭。为了维持雌性的位置，雄性通常会向后拉雌性的头，并用牙齿抓住她的鼻子。“我们的兽医有时候不得不给一些雌性做鼻整形术。”米歇尔·斯提德尔说。她是蒙特雷湾水族馆的一名海獭研究协调员。（性爱也可能会让雄性受伤，他们会遭受海鸥在空中的啄食，因为海鸥会把他们勃起的阴茎误认为海洋中的奇特美食。）

每一个作用力都会产生一个大小相等方向相反的反作用力。如果拿掉或者大量减少了重力，插入就只会把心爱的对象推远。[①]

与斑海豹不同，宇航员还没有被放进游泳池里观察要怎样办事过。不管是怎么，G.哈里·斯汀在《生活在太空》一书中是这样写的：

> 20世纪80年代，有人在亚拉巴马州亨茨维尔市的NASA乔治·C.马歇尔太空飞行中心进行过一些秘密实验，时间都在深夜，地点在中性浮力无重力模拟水池。实验结果显示，是的，人类在无重力状态下交配的确是有可能的。然而他们会很难保持在一起的姿势。这些地下研究员发现，如果有第三个人在正确的时间，正确的地方推他们一下，会非常有帮助。这些匿名研究员……发现这也是海豚交配的方式。交配过程中全程会有第三只海豚参与。这也促成了与飞上太空差不多等级的航天俱乐部：空中高潮俱乐部，也叫三只海豚俱乐部。

斯汀写的科幻小说十分有名，而且似乎在写非虚构类作品时也很难去掉这个习惯。或者是马歇尔太空飞行中心的人最早传出

---

① 作者注：出于同样的原因：即便是“猎人”史蒂芬·亨特，那个用照片和视频填满了水下性爱网站的人，也选择不参加中性悬浮，而是“走了大约30英尺，来到河口的一个沙洲上”进行他与一位无名“无聊而孤独的家庭主妇”的“水肺裸潜”。史蒂夫说：“你能想象在失重状态你能做的所有体位吗？”你必须要想一下，因为史蒂夫已经把你在潜水棚屋里看到过的老姿势都试了一遍了，只不过他的对象是毫无吸引力，面目扭曲的水下呼吸装置。

的谣言吗？我给那边的公共事务人员写了一封信，想看看是否有人能提供关于这个故事起源的一些信息。奇怪的事情发生了："玛丽你好。在这封信中向您介绍我们的历史学家迈克·莱特。他大概可以跟你讲一些关于中性浮力实验室的史实。简单的回答是：是的，我们马歇尔中心这边以前的确有一个中性浮力实验室，但是后来关掉了（迈克可以告诉你具体日期），此后的工作都移至休斯敦的约翰逊航天中心进行。"看回信好像我只字未提性或G.哈里·斯汀一样。

从海豚这部分的准确度看，斯汀的话不能当真。用美国卓越的海豚专家兰德尔·威尔斯的话说："交配只需要两只海豚就够了。"威尔斯进一步解释说，有些时候会有第二个雄性帮忙围住雌性，但并未发现有帮助交配的推动行为。还有一个原因可能会让海豚不需要第三者帮忙，那就是海豚的阴茎是可抓握的[①]。乔治城大学的海豚研究员珍妮特·曼告诉我，它可以"勾在雌性身体里"，并在雄性需要完事的时候拉住雌性在自己身边。然而曼觉得雄性的这个长处没那么必要，因为漂浮状态下，两个人保持在一起的姿势确实不容易，但是那是因为雌海豚通常都会转动身体试图逃脱。

① 作者注：它们真的可以"抓"住东西——有时候都会抓住付钱跟海豚一起游泳的人。"曾经出现过雄性海豚用它们的阴茎抓住一个人的脚踝。"海豚研究员珍妮特·曼说。曼还说也正是因此，雄性海豚被悄悄踢出了与海豚一起游泳的项目。如果"与海豚做爱"这个网站可信的话，雌性海豚其实也可以。作者写过："她突然决定用她生殖器上的裂缝抓住我的脚。"后面他还写了雌海豚的阴道口不光有肌肉，而且它们可以用这些肌肉来"操纵和搬运物品"。真是残疾人士的福音啊！我还想问问曼，雌海豚用她们的生殖器都搬运过什么，但是她开始不回我邮件了。

据我所知，这个对男性宇航员不成问题。

至于斯汀所描述的研究实验，也不是很说得通。为什么NASA的员工要冒着丢饭碗的风险去做一个在自家后院游泳池就可以完成的实验呢？为什么又需要做这么一个正式的实验呢？就像宇航员罗杰·克劳奇在电子邮件里说的，在太空中想要做爱的两个人会跟地球上想要做爱的两个人一样："就那么做，经验多了自然就好了。"

至于斯汀所谓参与者"没办法保持在一起的姿势"，克劳奇不屑一顾。"人类可以用手臂和腿掌控姿势或者抱在一起啊。一旦有一个人紧紧抓住另一个人的脚或身体。"——这里他建议说实在不行还可以用管道胶带——"其他的就留给参与者自己去想象了。《爱经》都不足以涵盖所有的可能性。"

我在给克劳奇的信中还提到了另一个关于太空性爱的网络流言——NASA出版第14-307-1792号：约在1989年编造出的一条"飞行小结"，内容是在航天飞机飞行任务STS-75中进行的一项探索，关于"在零重力轨道环境下保持夫妻生活的一次尝试"。这是我碰到的第一个引用了另一条流言的流言——它引用了斯汀"在中性浮力池中所进行的类似实验"。

流言中写道：试验中，"空气隔音墙"挺立在舱与舱之间，以留出一个私密空间，一对宇航员在这里尝试了10种体位，其中4种较"自然"，还有6种需要机械束缚器具。10号体位是"最满意"的两种体位之一：互相将对方的头夹在自己的大腿间。报告中还包括了筛选未来宇航员夫妻的条件，建议考察他们"接受或适应3号和10号解决方案的能力"，并引用了即将问世的宇航员性爱训练视频。夸张的是，两位相关太空书籍的作者在过去的这几年里都收到了好处，并将14-307-1792号文件作为一个事实写在了自己的书里。如果你去NASA的网页上稍微看一下，就会发现任务STS-75是在1996年，比“文件”的出现晚了7年，而且，顺便说一句，船上人员全都是男性。

数十位宇航员都参加过有男有女的任务。其中有一架航天飞机上还有一对夫妻，他们两个是在训练过程中陷入爱河的，并在执行飞行任务前喜结连理，没有告诉NASA。很难想象这么多男人和女人无一例外地抵挡住了诱惑。隐私在航天飞机里诚然是个问题，但是在像和平号和国际空间站这样的多舱空间站里就不成问题了呀。瓦雷里·玻利雅可夫与迷人的伊莲娜·康达科娃在和平号上共度了5个月的时光。“我们对瓦雷里严刑拷打，问他们有没有做爱。”太空人亚历山大·拉维金告诉我，“他说：‘别问这种问题。’”康达科娃当时已经嫁给了太空人瓦雷里·留明，这也解释了为什么玻利雅可夫不能脱宇航服，也不能脱口乱讲。拉维金给我讲了一个俄国谚语，这个谚语在翻译中似乎失去了什么但又多了些什么：“爱情之箭隐于神秘。”或者像太空专家詹姆斯·奥伯格（借用一句古老的军事格言）所说：“言者不知，知者不言。”

NASA并未在行为守则中特别提到性。《宇航员职业责任守则》中包含了一句模棱两可的童子军誓言——作风保证：“我们将尽力避免不当行为的发生。”对我来说，它的意思就是：别被抓到。国际空间站的《船员行为准则》——实际上也是《美国联邦法规》的一部分——也差不多慎重：“禁止国际空间站成员……做出会导致或造成以下结果的行为：（1）在国际空间站行为过程中对任何个人或物体给予不适当的优先待遇……”这也是看待性爱调情的一种方法：不适当的优先待遇。

事实上，完全不需要立法说明。NASA花的是纳税人的钱。就像议员或总统一样，宇航员都是出镜率极高的公务员。性行为上的过失及其他道德礼仪问题都很难得到原谅。报纸上会报道，然后公众震怒，资金缩减。宇航员都心知肚明。即便是零重力下的一次乱来被NASA封住了消息，相关人员也永远没机会再飞上天了。

也因此，虽然从来没有宇航员在太空中做过爱让人难以置信，但如果有谁做过也同样是很难想象的一件事。我试图给我的助理杰伊解释这个问题：几年的教育和训练；不知道是否还会有机会上天的紧张；对于自己职业极度的投入和责任感。赌注太大，失去的太多。杰伊听我讲完，然后他说：“或许值得呢，不是吗？”

像我经纪人这样的人们用想象造就了一个方兴未艾的产业。太空旅行社社长约翰·斯宾塞拟想出了一个环轨道运行的“超级游艇”，艇上装有“温存隧道”和零重力浴缸。美国平价套房的创始人罗伯特·毕格罗[①]正在拉斯维加斯主持建立毕格罗航空航天园，他已经开始测试“商用空间站”所需的充气零件，并准备投放市场。这种“商用空间站”可以出租，用于科学研究、工业测试、

---

① 作者注：也就是这个人在看了一张摄人心魄的火星全景摄影照片后评价说：“跟拉斯维加斯郊外长得差不多嘛。”真有意思，我在写这句话的时候，已经有人准备筹集16亿美元在拉斯维加斯外面的沙漠里建一个火星世界了。

太空度假及太空蜜月[1]。毕格罗希望“商用空间站”可以在2015年开张营业。

理论上，你可以不用等毕格罗的酒店或者斯宾塞的超级游艇问世。大多数人对于在太空中做爱最感兴趣的地方不是参与者的高度，而是零重力这个事实。这点抛物线飞行就可以做到。不过你要经受每20秒一次你们两个都比平时重一倍的医疗风险。

自1993年起，零重力公司（Zero G）就在用一队波音727进行商用抛物线飞行了。这么多次脱离重力中，有没有哪次也顺便脱掉了裤子呢？我访问了一个人，这个人自从离开公司后就不肯说自己的名字了，他说在他们的飞机上做爱基本不可行。零重力公司一直与NASA有合同，接受大学生和学校老师到他们的飞机上来体验低重力飞行，以便在学生中推广太空计划。如果公司开始允许人们在飞机上做爱，NASA肯定再也不愿意续签这份合同了。再说，即便有人想做，也得包下整架飞机才行，那就要花95 000美元。

我可不是第一个这么问的人。空中高潮俱乐部的一些成员也“在许多情况下”跟零重力公司联系过，想要租下飞机。空中高潮俱乐部可不像其他俱乐部那样有一堆规章制度，还要交会费。想要“入会”的话只要在飞机上做爱，然后把故事贴到他们的网站上

---

① 作者注：希望这个项目不是以他地球上的商业模式为基础的啊。到了网上对于毕格罗美国平价套房在拉斯维加斯的公司的评论是这样的：“……门已经霉得不行了。床连个架子都没有，就是直接把弹簧床垫放在破地毯上。”“……游泳池一股尿味……水都发黑了”“……空调不能用……电视不能用……保安就跟盖世太保一样。”

就可以了。如果哪个人在抛物线飞行中有过失重的性经历，按说这个组织应该了如指掌。

我给空中高潮俱乐部的网站写了封电子邮件，回答我的人叫菲尔，他说："我们不清楚谁有过如此壮举。如果你发现了你要找的东西，请务必告诉我们，我们好贴在网站上。"菲尔随信附上了两张照片，拍的是两位不知名的年轻的跳伞爱好者在自由落体的过程中做爱。他们的姿势还是挺传统的——反正是个挺传统的做爱姿势，算不算传统的跳伞姿势我就不知道了：男人坐着，女人骑在他身上。在这种罕见的空气动力学情况下，他们做出的唯一动作就是男人的手臂在身后张开，以保持稳定。吹向他们的风力顶住男人赤裸的后背，应该会像一个平面一样托住他，给他们足够的阻力，不至于在运动中推开彼此。我很好奇的是，那个男人最后会不会因为被压进了太多空气而胃胀气，对于性爱过程倒没那么好奇了。

只有色情文学制作人才最适合有足够的动力去花价钱包一整架飞机，只是为了无重力性爱。《花花公子》联系过零重力公司，《美女也疯狂》的一位制作人也联系过。"他们的努力程度和提供的价格说出来你都不敢信。"《美女也疯狂》的联系人告诉我。最后制作组在俄罗斯包下了一架飞机，但是没人做爱。只是多了一些女孩敞开胸怀的照片而已，不过这次有重力帮她们敞开。

几个月后，在翻一本叫作《颜色》的欧洲杂志时，我发现里面提到了一部1999年的色情电影，叫作《天王星实验》。这部电影的制作人显然包下了一架喷气式飞机做抛物线飞行。"飞机俯冲向地球的时间刚好够他们拍下交配的那一幕。"这部电影的主演是一位叫茜尔维亚·赛恩特的捷克女演员。这位赛恩特女士会是零重力性交第一人吗?

虽然茜尔维亚·赛恩特的网络形象非常健康,她的邮箱地址还是很隐蔽。一位写流行在线性专栏的作家建议我去找一位人脉很广的“成人公关人”,她说他叫布莱恩·格罗斯。[因为我不是成人,我不仅觉得名字有趣(译注:Gross有肮脏、恶心的意思),他的头衔也很好玩。我一直在想象是不是还有一种职业叫“儿童公关人”,会不会有“儿童公关人”在NASA工作。]只要扫一眼格罗斯先生的客户担保,就会发现他是一个非常多才多艺的人,他曾经同时代言过ABC新闻和成人搜索引擎“胸器”。格罗斯先生又给我介绍了另一个人,那个人告诉我赛恩特5年前就不做这行了[①],她“搬回了捷克共和国,在地球上消失了”。

下一站,伯思·米尔顿,这个人在巴塞罗那的公司,私有媒体集团,制作了《天王星实验》这部电影。米尔顿是亲切的居家男人,他操着难以辨认的口音(或混合口音)安排下载了《天王星实验》系列电影(是三部曲哦!)发给我,并答应会帮我找塞恩特女士。拍摄那一历史性镜头的那架飞机,据他说,是公司机群中的一架,而米尔顿对这个机群有分时享有权。

“你叫了一架公司喷气机来飞抛物线?”我问。

“没错。”

---

① 作者注:塞恩特退休时已出演过200多部色情电影。虽然其中一到两部还是有一些档次的(比如很有库布里克感的《大开口》),但整个清单列出来(比如《好身材和排气管第14号,尿人的探险》)还是让人觉得茜尔维亚·赛恩特,年届三十三的时候,也算功成身退了。

“飞行员以前练过吗？”

“没有。”这个答案让我很惊讶。但是米尔顿开始大谈飞机引擎磨损啦，还有落地后飞机被禁飞了两天，以进行检查和维护，所以我决定相信他。

米尔顿当时不在场，所以他没办法记得零重力场景的细节。再说这件事毕竟也过去10年了，私有媒体集团在这部片子后每个月都有10部电影上市。不过他记得那个摄像师，他在圈子里小有名气，因为他曾经给英格玛·伯格曼当过摄像师。

然而米尔顿又说他不在乎伯格曼。“他是得了好多奖，但是没人看他的电影啊。他一直很抑郁。一点也不快乐。”

我提到了《芬妮和亚历山大》。

“好吧，这可能是唯一一部你能从头看到尾的电影了。其他的都是烂片。”

我不得不承认看《天王星实验第一部》比看《第七封印》要欢乐得多。这部电影开篇就是俄罗斯太空机构，一个太空人赤裸着坐在检查台上。一个白色的心电图电极就跟戒毒贴一样贴在他的胸口。这个道具看上去还挺奇怪的，因为他只是来提供精液样品而已。下一个房间，双下巴的俄罗斯太空机构人员讨论着一个高度机密的实验：“发现零重力对精子的产生所造成的影响”。镜头切换到一个穿着紧身白大褂的金发女郎，用精心打理过的指尖摇晃着一根试管。“你好，”她说“你的器官好美啊。”

我快进到NASA（这里念Nassau）总部的那一幕。在这里我们可以看到NASA是怎样选拔女实习生的（显然有没有航空航天学位不是那么重要）。当演到零重力的地方时，我停止了快进。两架航天飞机在做轨道运行，一架俄罗斯的，一架美国的，它们肚子对着肚子在进行进坞操纵。连航天飞机都在做爱。

两架飞行器间的舱口还没完全打开，两位宇航员就已经脱掉了宇航服。茜尔维亚身体保持垂直，上下摆动，就好像泡在温柔的海浪中一样。等下，等一等，等一等，她的马尾是垂在她背上的，其他东西也都垂在她面前。如果没有重力的话，不应该有东西垂下来啊。这根本不是在零重力的情况下拍的！演员的腿下部藏在一个操纵台后面，他们只是踮脚再放下，然后在空中挥一挥手罢了。

我注意到，一篇关于三部曲的报道提到了只有一个镜头是“在完全零重力的情况下”拍的。那个镜头在《天王星实验第三部》里。我从沙发上爬起来去取出第二部，但是现在不行。任务控制中心的超大屏幕正在播放着在一位指挥官威尔逊领导下的宇航员的狂欢，并且是全球同步播放。满满的丑闻和混乱啊！ NASA被关闭了。美国总统在讲电话。他的西装有点太大了，而且他工作的地方就是个廉价的汽车旅馆房间。“这是克格勃干的！我闻都闻得出来。”

指挥官威尔逊和茜尔维亚·赛恩特在第三部里仍继续糟蹋着NASA队员行为准则。或许是我的幻觉，但是指挥官威尔逊看上去比在第一部和第二部里更有天赋了。会是失重的原因吗？没有了将血液拉向身体下半部分的重力，更多血液会留在上半身。胸部会变大，而轶事传闻显示阴茎也同样享受这种丰满的效果。“我勃起得太厉害，都开始疼了。”宇航员迈克·穆莱恩在《骑火箭上天》中写道，“我都能在氪星上钻个洞了。”

“我倒是听说情况刚好相反。”宇航员罗杰·克劳奇告诉我。

狡猾地把自己的钻头划出了讨论范围。我给NASA生理学家约翰·查尔斯打电话求证。查尔斯说据巴兹·奥尔德林表示，参加过水星计划和双子星座计划的宇航员报告说那一部位绝对是缺乏活力的。“他们还想给第一个证明有反应的男人颁个奖呢。不过问题是，要怎么证明呢？”查尔斯陷入了深思。他是跟奥尔德林还有克劳奇站在同一边的。而查尔斯这边还有医学科学。身体在零重力下会获取更多水分和会失去水分的分界线就在横膈膜那里，叫作流体压参考点。“男性的乱七八糟都在那个点以下。”查尔斯说，“所以应该会有更少液体，而不是更多。”

这应该会对《天王星实验》的男演员形成一个挑战。但是没有，你猜为什么，因为根本没有在零重力下拍过任何东西。摄像师只是从后面拍下了射精中的“指挥官”，然后把画面上下颠倒，这样看上去他就像是飘浮在空中了。我刚好知道“绝对失重时的射精场景”看上去是什么样的，因为我读过NASA在1972年的研究《失重中的一些流质食物》，这些食物包括奶油布丁和土豆汤。论文中有营养学家版的零重力射精场景：图片展示倒出的牛奶怎样“迅速形成了一个完美的球体”。指挥官威尔逊的“奶油布丁”可没这样。

我给伯思·米尔顿发了一封情深意浓但言词里有指责意味的邮件，没有收到回信。

虽然太空医学研究员不大可能会用手来提取精子样品——或者在提取前先说一句：“你好，你的器官好美啊。”——但太空机构研究无重力对精子的影响这个想法还是合理的。如果载人航天探险需要离开地球更长的时间，那么太空机构就需要花钱研究零重力对人类繁衍的影响——不是对于交媾，而是对它的结果。太空机构对宇航员性行为感觉不舒服的一个合理理由就是，没有人知道在太空中形成的受精卵会出现怎样的生物危害。没有了地球大气层的保护，宇宙辐射和太阳辐射的水平都上升得极为显著。细胞分裂对于辐射极度敏感，因此突变和流产的风险也随之增加。

即便在细胞开始分裂前，辐射也是个令人担忧的因素。NASA曾就女宇航员在长期飞行任务前是否需要考虑低温贮藏卵子有过官方讨论。一篇论文提出将男宇航员飞行时穿的裤子排成一排，裤子上有“器官护具……供测试用”。（约翰·查尔斯说NASA并不接受“地外下体盖片”这个东西，至少现在还没有。）对于二战时投放到日本的原子弹造成的放射性尘降物受害者的研究显示，短期太空旅行应该不会造成不育。执行任务6个月的宇航员在返回地球后并未显示有受孕问题，但是辐射风险是累积的。你在外面待得越久，危险也就越大。这也是为什么如果要参加两到三年的火星任务，宇航员必须选择，用约翰·查尔斯的话说，比较老的家伙。“他们已经生了小孩，而且他们在得上一堆癌症前应该已经自然死亡了。”

零重力下，哺乳类到底有没有可能怀孕呢？答案没人知道。1988年，欧洲太空机构用火箭将公牛的精子送上轨道，来观察失重对其活性的影响。精子在零重力情况下移动得更快，更容易，看上去似乎失重有助于受孕。然后约瑟夫·塔什和他的海胆出现了。塔什发现会影响精子活性的一种酶——告诉精子们不要摆尾巴的那种酶——在失重状态下反应格外慢。这件事本身不是什么大问题。但如果失重会降低一种酶的活性，塔什担心，是不是也会降低其他酶的活性——比如让精子准备释放DNA数据包的那种酶。卵子也有可能出差错。英国性学家罗伊·莱文推测，如果没有重力，受精卵可能会很难甚至无法通过输卵管。

为什么不送几只老鼠到轨道上去看看会发生什么呢？苏联太空机构送过了。1979年，一组老鼠搭乘一架无人生化实验卫星被发射上天。发射后，间隔自动拉起，雌鼠和雄鼠得以对接。返回地球的雌鼠无一怀孕，虽然能看出受孕的痕迹。“研究显示，某些早期阶段出了问题。”爱普尔·荣卡说。荣卡是一位妇产科专家，同时也在NASA的艾姆斯研究中心研究过零重力中哺乳动物怀孕及生产的问题，后来她去了维克森林大学医学院就职。“或许胎盘无法形成。也可能子宫无法正确着床。这个过程的任何一个步骤都有可能因为零重力而受到影响，而影响方式我们还无法预测。我们什么也不知道。”

抛开辐射的危险不谈，零重力怀孕看上去，直觉上看，应该问题不大。孕妇有时候只能卧床休息——流行的模拟零重力的方式，我们已经知道了——胎儿漂浮在液体里（也算是零重力的模拟），从表面上看，失重不应该对胎儿的发育有什么威胁。荣卡曾经把怀了孕的老鼠送到太空中去[①]度过妊娠期的最后两周。在返回

① 作者注：荣卡和她的同事设计了一枚研究员飞行臂章，一个怀孕的宇宙飞船被宇宙飞船宝宝包围着。（就像宇航员一样，参与任务的科学家历来缝有臂章。）NASA没有通过这个设计，尽管它允许霍默·辛普森“太空中的精子”章飞上太空。（这个章把霍默的头贴在一根精子尾巴上。这位精子研究员的妻子跟《辛普森一家》的作者马特·格勒宁有姻亲关系。）太空中或许没有性，但是有性别歧视。

地球两天后，雌鼠生产了。（NASA不准在太空中生产，主要是因为后勤问题。得有人为雌鼠建一个生育台，还要有专门的喂养设备，防止小鼠飘离乳头。）除了一些轻微的前庭问题外，生下来的小鼠基本都很正常。

不正常的是生产过程本身——虽然届时已经回到地球了，可是在太空中待过两个星期的雌鼠宫缩较少，也较弱。在荣卡看来，这是很危险的。宫缩对帮助新生儿适应子宫外的世界起着非常重要的作用。自然生产过程中的压力会向胎儿大量释放压力激素；这种激素和战或逃激素是一样的，它会在胎儿长大成人后赋予他极大的勇气，帮他做出壮举。“研究显示，这种激素的激增对于生理系统的运转十分重要。一个新生儿突然间就要靠自己呼吸，还要搞清楚怎样从乳头吃奶。如果宫缩不够，激素释放得少，胎儿的日子就会更艰难。”研究显示剖腹产出来的婴儿因为没有经历过宫缩——与自然生产的婴儿相比——患呼吸道疾病和高血压的风险更高，排出肺中的水更困难，神经系统发展也比较滞后。换句话说，给婴儿压力似乎是大自然计划的一部分。（正是因此，荣卡也不支持水中分娩。）

让我惊讶的是，三十几年的轨道科学实验室历史中，这方面的工作做得如此之少。是机构保守主义的原因吗？男性不安情绪战胜了产科问题吗？荣卡认为这不是保守的问题，而是有先后的问题。“失重会对人体基本系统——比如骨骼、肌肉、心血管系统——产生哪些影响，我们都不甚了了，对大脑就所知更少了。繁衍只是被排在了后面而已。”

而现在资金也没了。NASA的生命科学项目已经被剔除掉了。

我几乎要写下“胎死腹中”，但我阻止了自己。NASA的最后一次哺乳动物生物研究壮举是2003年的哥伦比亚号航天飞机任务。那些老鼠和宇航员一起去世了。谁也没办法救它们，虽然对宇航员来说，情况不尽如此。

第 13 章 呼啸山庄

逃离太空

佩里斯的探险天空垂直风洞是一个装在罐子里的飓风。气流以每小时一百多英里的速度从一个圆柱形建筑的中心呼啸而过，这个圆柱形建筑就相当于气流交通控制塔。它可能不是佩里斯最高的建筑——佩里斯就是距洛杉矶几小时车程的一片商场和住宅区——但感觉很像是。靠近建筑的顶端是控制员所在的地方，这里有一排正对风柱敞开的门。人们可以从这些门口向着风倒下去，下落时张开双手双腿，他们就会被风吹起来。这是一种毫无危险毫无紧迫感的自由落体：被阉割了的跳伞。如果你是第一次来，这里还会有员工帮你保持平衡，以免你在被风吹上去的时候慌了，最后像个种子一样被空气弹到墙上。

今天是菲利克斯·鲍姆加特纳第一次来探险天空。但是没人扶着他。鲍姆加特纳是一位41岁的澳大利亚人，他是一位高调的跳伞运动员，也是BASE的成员①。你在YouTube上可以看到鲍姆加特纳从里约热内卢基督像伸开的右臂上跳下，还有难度一般的从华沙万豪酒店的屋顶跳下。大多数情况下他都会穿着跳伞装备跳。不过万豪酒店那次他穿着商务便装，主要是为了在穿过大堂时不引起怀疑，但给人的印象极其深刻。你看着他穿着衬衫打着领带走到屋顶边缘，仿佛跳楼只是菲利克斯·鲍姆加特纳平常工作的又一天罢了。

---

① 作者注：BASE是指大楼（building）、天线（antenna，即电台信号塔）、跨距（span，即桥梁）、地表（earth，即悬崖）——4种低得危险的跳伞场地。据2007年的一期《创伤月刊》上的研究，BASE跳伞的死亡及受伤率是一般跳伞的5~7倍。虽然实际数字还是比你想象得小：10年中从挪威的谢拉格山上跳下来的20 850人中，共有9人以死亡告终。

而今晚，鲍姆加特纳穿得像个宇航员一样。他来佩里斯是作为“红牛平流层任务”的一部分。任务有两个目的。我主要感兴趣的是航空医学那一层。鲍姆加特纳在测试大卫·克拉克公司研制的一套改进版紧急逃生宇航服。大卫·克拉克公司自水星太空项目起就在生产宇航服[①]。1986年，挑战者号航天飞机在起飞后72秒爆炸，自此宇航员除了太空行走，在发射、再入及着陆时——飞行中所有风险最大的时刻——都必须穿着增压服。鲍姆加特纳就是要穿着增压服，好让自己在从23英里（120 000英尺）的高空“跳太空”后还能活着。[实际这个高度还不能算太空——真正的太空从62英里处开始——但是也够接近了。那个高度的大气压低于海平面地区大气压的1%。]这一跳——已在某秘密地点提名为2010夏秋之跳——将使人了解人体穿着耐压服在极度稀薄的空气中下落会怎样，以及人体对跨音速和超音速会做何反应。这为逃脱系统工程师提供了不可多得的信息。因为那个高度空气阻力实在太小了，所以鲍姆加特纳的速度有望达到690英里/时，而不是较低海拔处自由落体的120英里/时。没有人在航空航天意外中尝试过跳伞逃生，所以无论在飞行的哪个阶段，到底怎样做才是最佳方案，没有人确定。

---

① 作者注:NASA 开始找大卫·克拉克公司合作是因为他们有生产胶布的经验。“宇航服就是一个橡胶处理过的人形大包。”退休的空军高级伞兵及逃脱系统测试员丹·福尔汉姆如是说。“我们是没有跟橡胶包合作的经验啦。我们在马萨诸塞州的伍斯特市碰到了大卫·克拉克公司。他们当时一个月总共为西尔斯百货生产20件内衣和束身衣。”福尔汉姆清楚地记得开车去伍斯特开会，瞥到身材姣好的模特在后台走来走去。阿波罗登月计划的登陆服合同签给了国际乳胶公司，后来更名为哺儿适。当时他们还没那么适。

鲍姆加特纳说他很骄傲，他将为更加安全的太空旅行做出自己的贡献，但一开始他主要只是喜欢破纪录罢了。现有的跳伞高度纪录是102 800英尺。这个纪录也是由一个测试高空逃生装置的人创下的。那是1960年，在一次叫作艾克塞西奥（Excelsior，精益求精）的计划中，空军上尉乔·基廷格从氦气球下一个顶端开口的钢制吊篮中步出并跳伞，身着部分加压服，经过19英里到达地面。他当时在测试一个多级降落伞系统。新墨西哥太空史博物馆保存着他口述历史的纪录，基廷格说他在自由落体的时候打破了音障，但当时他没带能够确认这一纪录的设备。因此鲍姆加特纳很有可能也成为有记载的第一个不靠喷气式飞机或其他运输工具就达到超音速的人类。

“平流层任务”很大一部分资金是由鲍姆加特纳的合作赞助商红牛提供的。红牛通过赞助极限运动来告诉世界，我们的品牌不只是加了咖啡因的饮料，而是意味着——正如新闻稿所言——“挑战极限”以及“实现不可能”。有些青少年虽然几乎无望成为专业滑板运动员或BASE成员，但还是可以喝一喝这个饮料，感受一下那种感觉。NASA或许也该学学红牛，努力打一打品牌，宣传一下宇航学，这样一瞬间穿着宇航服的那个人就不是公务员了；他是一名终极极限运动员。红牛知道该怎样让太空嗨起来。

鲍姆加特纳看上去像是那种人。引用我不久前刚看到的行业小册子里的一句话，他块头很大，有一种锋利的韧性。他长得像马克·沃尔伯格，声音像阿诺·施瓦辛格，但他比他们两个都酷。他现在已经到达风洞了，脸朝下保持着自由落体时标准的雄鹰展翅的姿势。宇航服已经加压。我数到了10个红牛，这些标志垂直印在宇航服的手臂和双腿上，看上去就像某些红牛在做一种叫“坐飞”的跳伞动作一样。鲍姆加特纳在身前摸索着开伞索。（他看不到，因为穿着宇航服脖子没办法打弯。）现在他伸直双腿，测试着宇航服的弹性。这样做可以扩大受力面积，增加空气阻力，他向上蹿了10英尺，然后停下来，悬停在围观群众上空，就像感恩节游行队伍中的一个大气球一样。

自乔·基廷格之后就再没有人用高空跳伞的方式测试逃生套装和紧急降落伞系统了。[因为太贵了。如果鲍姆加特纳也这样做的话，他需要坐在一个施压舱里，挂在一个巨大的——2 600万立方英尺（1立方英尺=0.0 283立方米）的——氦气球下面。]或许还是应该去高空测一下的。那里空气阻力非常小，人很难控制身体的姿态。想象一下在时速60英里的车里把手伸出窗外。将手对着风的角度稍微调整一点点，你也能感觉到明显的风向和压力的变化。如果汽车的速度只有每小时23英里/时，你就完全感受不到这种差别了。对于跳伞运动员——或者宇航员，或者被发射到高空的太空探险者——来说，要停止旋转就更难了，而如果逃生服设计不好的话，状况会更糟糕。鲍姆加特纳需要自由落体大约30秒的时间，达到的速度才能产生足够的风力，让他能控制好自己的姿势，——或者让他身上背的紧急平衡伞发挥作用。

退休空军上校及顶级伞降勋章获得者丹·福尔汉姆给我解释了旋转的危险性。在创造纪录的艾克塞西奥计划中，福尔汉姆是乔·基廷格的后备，也是美国空军和NASA的逃生系统测试老手了。在为X-20“太空飞机”弹射系统做测试时，福尔汉姆又一次开始水平盘旋，当时的离心力大到他完全无法弯曲手臂来拉开伞索。

"感觉就像自己被铁封住了一样。"他告诉我。他的降落伞最后自动打开了，但即便如此，他还是差点没命。感应器检测到他当时的旋转速度为每分钟177圈。"我们在赖帕用猴子做过离心力实验，"他说。赖帕指的是赖特-帕特森航空医学研究实验室："当离心力指向头部，转速达到144圈/分钟时，大脑被甩向头顶的压力大到大脑跟脊髓已经分离了。我当时差点也这样了。"他当时还差点死于红雾视症，血液快速冲向大脑时，产生的力量足以冲破血管。你看到花样滑冰运动员长洲未来在2010年奥运会上做完一整套动作后流鼻血了吗?原理是一样的。离心力把她的血液都转向了头部，就像沙拉搅拌机把水都甩到了外面一样。

今天，鲍姆加特纳和平流层小组想要确定的是，这个套装会不会让他进入"追踪"体态：身体斜向下，手向前伸摆成超人的造型。追踪体态会让跳伞运动员在降落中侧向移动。这又是由红牛平流层任务的技术总监亚特·汤普森向我解释的。汤普森负责监督今晚的测试。他用一副眼镜来向我示范，通过改变旋转的中心，追踪体态也会从紧缩的水平旋转变成更大，更慢的三度螺旋。汤普森的眼镜追踪开他的身体，向左绕出一个弧度。如果这招不管用的话，旋转的力量会触发稳定伞，又叫浮标。浮标会将鲍姆加特纳的头拉回上方，避免红雾视症的出现，并且，如果顺利的话，会救他的命。（如果不顺利，浮标展开过早的话就会绕在他脖子上，一直勒着他直到他昏过去。乔·基廷格在艾克塞西奥计划的一次带妆彩排中，从76400英尺的高空跳下来时就出现了这样的情况。）

在地球上完全没办法模拟近真空环境下的自由落体运动。艾克塞西奥计划小组曾试过从高空热气球上向下扔人体模型。结果十分令人担忧。边注记载，当地居民有时经过扔模型的区域，就会跑来看发生了什么事。因为这个计划需要保密，而回收小组又表现得鬼鬼祟祟慌慌张张的——再加上人体模型手指也熔化了，还没鼻子没耳朵的——人们就开始谣传说有UFO带着外星人坠毁在了罗斯威尔[①]郊外的灌木丛里，而军方在努力掩盖这件事。

有一次，人们确定自己看到的“外星人”是丹·福尔汉姆。在一个周六早上，福尔汉姆和基廷格的气球掉在了罗斯威尔郊外的一片田野上，福尔汉姆和基廷格自己也跟着掉了下来。800磅重的吊篮过早脱离了气球，并开始翻滚，直到撞到福尔汉姆的头才停下来。福尔汉姆摘下头盔的时候，他的头已经肿得不成样子了，用基廷格的话说他的脸“一团糟”。福尔汉姆被送往沃克空军基地的医院，医院里有些员工就是当地居民。我问福尔汉姆是否有印象被人指指点点，就跟看见外星人似的。“我不知道。”他说，“我要想看见的话，得用手指掰开眼皮才行。”基廷格扶着福尔汉姆步下飞机，走向他妻子的时候，福尔汉姆的妻子问基廷格她丈夫在哪里。“我告诉她：‘这就是你丈夫。’她尖叫了一声就哭了起来。”基廷格在空军出版物《罗斯威尔报告》中的目击者陈述书里这样写着。我看到过那次事故后福尔汉姆的照片。他过了好几个星期才看上去重新像个人类。

---

① 作者注：那些人体模型以假乱真，骗过了一些军官夫人的眼睛。军官夫人们当时正聚在空军上将埃德温·罗林斯家喝茶，毫无预兆，一个人形就砰的一声落在了距罗林斯家院子几百英尺的地方。紧跟着乔·基廷格就开着个皮卡过来，把那东西扔到后面然后开跑了。军官夫人们倒没觉得那是外星人；她们以为那是个飞行员。当晚基廷格就接到电话，通知他罗林斯夫人的客人们投诉他如此草率地处理了一名死去的“伞兵”。

汤普森认为这些人体模型测试的结果会给人误导。而且高空旋转对鲍姆加特纳来说也不像是那么严重的一个问题。我对他讲了福尔汉姆的濒死旋转和基廷格浮标伞锁喉的事情。汤普森说，那个时候人们并不像现在这样将跳伞当作一项运动来做。“他们还不习惯在飞行中控制自己的体态。现在已经进步太多了。”对于看过探险天空的员工像蜂鸟一样盘旋和俯冲的人来说，这倒是不言自明的。

但是宇航员并不像这些人一样熟悉跳伞啊。再说，鲍姆加特纳的降落是从零英里/时的速度开始的，而从飘浮在气流中的热气球跳下来，或者在再入时从太空飞船中弹射出来，初始环境都有12 000英里每小时。这个环境可不是你愿意待的。

“红牛平流层计划”的医疗总监可谓资历颇深。乔恩·克拉克曾是美国特种部队的一名高空伞兵。他为NASA航天飞机飞行员做过航空军医，还参与了哥伦比亚号事故的调查。（哥伦比亚号航天飞机在2003年2月再入时解体。一片泡沫隔热材料从外部燃料箱脱落，并于发射时在左翼撞了一个洞，从而破坏了隔热层，使得航天飞机在再入时无法安全通过大气层。）克拉克的小组检验了船员的遗骸，以判断在灾难发生的过程中，他们是什么时候死亡的，是怎样死亡的，以及有没有可能挽救他们的方法。

克拉克今天不在佩里斯。我还是一年多前，在得文岛上参加月球探险模拟时在HMP研究站见过他。不过见他之前我就听过他。他的帐篷就在我的帐篷旁边，每天晚上11点左右，我都会听到一个中年人试图在冻硬的地面上让自己舒服一点所发出的痛苦呼吸声。那晚，我终于见到克拉克，他给我看了一个PPT，讲的是空军和太空机构，最近也有私人公司，为了在出问题时保护飞行者和宇航员而想出来的各种技术。同时也涵盖了这些技术失败时可能发生的事情——用克拉克的话说："所有能弄死你的事。"

当时我们坐在医疗帐篷里，他的桌边。周围没有别的人。外面的风力涡轮机发出阴森森的嗡嗡声。克拉克一言不发，递给了我一个STS-107任务标，跟哥伦比亚号上宇航员衣服上的任务标一样。我谢过他，把它放在桌子上。现在似乎是个好时机，可以问问他哥伦比亚号的调查工作。

我读过哥伦比亚号船员生存调查报告，知道宇航员在隔间失去压力的时候，护面并没有放下来。我在想，如果他们的宇航服已经加压，他们也都装备了会自动展开的降落伞，他们是不是有可能活下来。最接近这次的事故是空军试飞员比尔·韦弗的坠毁事故。1966年1月25日，韦弗的SR-71黑鸟在飞行到3.2马赫（声速的3倍多）时在他身边解体。他的增压服——以及他78000英尺的飞行高度，在这个高度空气浓度只有海平面的3%——保护了他免受摩擦热和气浪的伤害。在低海拔地区，摩擦热和气浪可以轻易杀死一个高速运动中的人。哥伦比亚号当时的速度是17马赫，但是考虑到40英里高空的大气浓度简直可以忽略不计，气浪大概也就相当于海平面处400英里/时的冲击。等下我们会讲到更多关于气浪的事。亚特·汤普森将这种程度的伤害形容为可控风险。"的确是可以存活的。"克拉克说。

但是哥伦比亚号上的宇航员们面对的威胁比气浪和热灼伤要严酷得多。"我们发现了一些极不寻常的伤害模式，这些模式是无法用我们常见的任何东西来解释的。"克拉克说。"我们"指的是航空军医：这些人对大脑从脑干转下来或者四肢被气浪折断这样的模式可是司空见惯的。

“我们知道人是怎样解体的。”克拉克接着说，“人都是沿关节线解体的。”就像鸡一样。像任何有骨头的东西一样。“但是哥伦比亚号不是这样的。他们就像被切断了一样，但又不像是以某种结构切断的。”他讲话的语气平缓，让我想起了《X档案》里的穆德特工。“也不可能是爆炸造成的伤害，因为爆炸需要有大气才能蔓延。”

我看着哥伦比亚号的任务标，7位宇航员的姓绣在上面，环绕一周：麦库、拉蒙、安德森、哈兹班德、布朗、克拉克、楚拉。克拉克。我脑中有什么东西响了一下。刚到得文岛的时候，我听说有一位哥伦比亚宇航员的配偶也会在这里。劳瑞尔·克拉克是乔恩·克拉克的妻子，我刚意识到。我不知道是否应该说些什么，或者到底该说点什么好。那一刻过去了，而克拉克还在讲。

40英里高空的大气太稀薄了，不会产生爆炸气浪，但还是会产生冲击波。调查小组经过一系列的排除，最终的结论是，冲击波就是杀死哥伦比亚宇航员的凶手。克拉克解释说，当速度超过5马赫——5倍声速，大约3 400英里/时——时发生爆炸，一种不易被察觉的冲击波现象就会出现，这种现象叫作激波-激波干扰。再入中的宇宙飞船解体时，几百片碎片——没有一片有着完整的宇宙飞船那样符合空气力学的外形——都在以超音速飞行，这就形成了一个混乱的冲击波网。克拉克把冲击波比作滑水船后面的头波。在这些冲击波的节点处——他们交会的地方——会累积出猛烈的，超越尘世的力量强度。

“他们可以说被这张冲击波网撕成了碎片。”克拉克说，“但也不是每个人都这样。这种力量的爆发是有特定地点的。我们也收回了一些完好无损的东西。”他说一名研究员在得克萨斯州梳理了哥伦比亚号长达400英里的碎片痕迹，并发现了一个眼压计，一种用来测眼内压的仪器。“还能用。”

医疗帐篷外的风越刮越大。涡轮机发出令人难以忍受的声音。那是奇怪的一晚。我坐在克拉克旁边，看着他笔记本上的幻灯片，他在讲述，我在聆听。偶尔我会打断他，提个问题，但提的都不是我心里想问的问题。我想问问他，一点点研究自己妻子去世的细节，他要怎样去面对。我想知道为什么他选择加入调查小组。但似乎不合适问。我想他加入调查小组和他加入红牛平流层任务的原因应该是一样的。他要尽可能地学习，尽可能了解在高海拔高速度行驶的交通工具解体时，里面的人会怎么样。他想要把学到的这些东西都用来设计技术，去保护那些人，保护宇航员和太空探险者的生命，保护家庭的完整。

这种挑战是无比复杂的。任何宇宙飞船的逃生系统都只能在特定的海拔或速度范围内发生作用。比如弹射座椅，它只能在发射最初的8~10秒内起作用，在Q力——空气密度和速度产生的风力互相影响产生的力量——累积到致命水平之前。弹射系统需要迅速将宇航员弹到离航天器足够远的地方，以免宇航员成为航天器的附属品被碾碎，或者被吞入灾难性爆炸产生的火球中。最近的航天飞机逃生系统采用了一根长长的杆子，船员可以挂在杆子上滑离航天器，远离它的两翼。退休航天工程师及太空史学家特里·桑迪指出，这个东西只有在航天飞机稳定平飞的时候才能发挥作用。“在这种情况下，”桑迪说，“你为什么还想离开它呢？”

要想从再入时的极速和极热环境中生存下来，面临的问题会更多。俄罗斯太空机构测试过一种模型，那是一个可充气的吊舱，叫作球伞（是气球和降落伞的综合体）。宽阔的前部有热保护层，保护着惊恐的乘客，接着巨大的表面区域会拖拉吊舱，降低其速度，使多步降落伞系统可以，在一切顺利的情况下，将它安全降落地球。球伞从来没有全程从太空飞到地面过。或者可以有一个降落伞系统将整个太空舱或船员舱室安全降落到地面。（目前的计划要将NASA全新的猎户座太空舱用作国际空间站逃生吊舱。）如果这样的话，降落伞会很重，发射它也需要巨大的花费——而且如果是宇宙飞船的话，将船员所在的隔间与飞行器其他部分分离出来的过程会遇到诸多技术上的挑战。另外，降落伞本身也需要隔热盾才能在再入时免遭熔化，而这个调度就更难了。

那么飞机乘客呢？有没有在飞机即将坠毁时能安全逃脱的方法呢？抛开重量和花费不谈，为什么飞机不在每个座位上装备好便携氧气袋和靠背降落伞呢？原因很多。该是气浪和缺氧小课堂的时间了。

在蒲福风级的一半处，风速为25~31英里/时。“举伞困难”，蒲福说，有点太戏剧化了。蒲福风级的最高级为73~190英里/时——也就是飓风的风速。这就是自然能鼓起的最大风力了。而蒲福停止的地方正是气浪研究开始的地方。气浪不是天气。不是空气向你跑来，而是你向空气跑去——为了逃离或被弹射出遇险的飞行器。

在私人飞机的标准速度——135~180英里/时——下，气浪达到的效果基本算美容级别的。双颊会被平平地压在头骨上，给你一副紧致的、拉皮手术做过头了的样子。我之所以知道这些，一方面是通过我自己在探险天空风洞里拍下的恐怖照片。而另一方面是通过1949年《航空医学》上的一篇关于高速气浪的论文。论文中，一个叫作J. L. 的男人，在0英里/时时非常英俊，而在275英里/时的气浪中，嘴唇都被吹了起来，可以看到他的全部牙龈，就像一只焦虑地叫着的骆驼一样。

当速度达到350英里/时，鼻子的软骨会变形，脸部皮肤开始飘动。“气浪波由嘴角开始……然后以每秒300波的速率穿过整张脸到达耳部，然后气浪波破碎，导致耳朵摆动。”举伞已经不是问题了。在更快的速度下，Q力会导致严重的变形，而这种力量——《航空医学》上这篇论文的措辞很谨慎——“超出了组织的强度”。

洲际客机的巡航速度在每小时500~600英里之间。不要逃。引用丹·福尔汉姆的话说：“基本是致命的了。”速度在250英里/时的气浪可以将氧气面罩从你脸上吹下来。而400英里/时的气浪可以吹掉头盔——在比尔·韦弗的SR-71副驾驶员身上就发生了这样的情况。他的护面被吹开，然后就像个帆一样，使他的头向后撞在了衣服的颈圈上，折断了他的脖子。速度达到500英里/时时，“冲压空气”会射进你的气管，冲击力足以撕碎你肺部系统的诸多组成部分。约翰·保罗·斯塔普在一篇论文中提到过一位不知名的试飞员，他被以超过600英里/时的速度弹射出来。气浪撬开了他的会厌，将他的胃部充满气体，就像个泳池玩具一样。（这反倒对他有好处，因为他是在水面上弹射的。“他胃中有约3升的气体，就像浮筒式起落架一样保护了他，他自己可不适合给它充气。”斯塔普写道。）

达到超音速时，你身体面临的Q力将是能把试验用喷气式飞机摇成碎片的力量。丹·福尔汉姆听说过有飞行员以600多英里/时的速度弹射出来。“那时候的弹射座位头部两边都装有金属翅膀，防止它跳动。”他告诉我。“他们验尸的时候发现，头部在铁片间震动得太厉害，人的大脑都乳化了。”只要可以，飞行员战士都会尽可能留在破损的战斗机上，直到他们能把它的速度降下来，这样可以减少Q力，增加逃生的概率。红牛为鲍姆加特纳紧张是有原因的。他在接近或超越声速的时候，有可能在宇航服里被震死。

一头栽进稀薄空气会出现的迅速而悲惨的结果就是缺乏氧气。在35 000英尺的高度，人类有30~60秒的“有效意识”。你绝对会想要排在紧急出口第一位的。我可以告诉你徘徊在有效意识边缘是怎样的感觉。第五章里我去参加的无重力飞行有一个先决条件，就是我和那些工程学生要参加NASA航空航天生理学讲座，其中包括在约翰逊航天中心的高空模拟室进行的一次缺氧（氧气不足）演示。技术员只要把一个密室里的空气抽出来，就可以模拟任何海拔高度的大气情况，直到几近真空——那就是一大盒外太空了。太空机构人员用这些密室来测试宇航服和其他需要暴露在太空真空环境中的设备。

在25 000英尺中摘掉氧气面罩大约1分钟时——这个高度人有2~5分钟的有效意识——我们做了一套脑力测试题。其中一个问题是：“用你出生的年份减掉20。”我感觉很好，但是我记得自己当时很困惑，完全被这个问题难住了，然后继续。最后几个问题中有一个是：“NASA的全称是什么？”我显然知道这个，但是我写下的答案是：“N。”

除了有效意识，你还需要运气。400名惊慌失措的乘客和你一起逃离飞机，会造成降落伞绳和伞盖缠成一团。还是有可能活下来的，但你需要待在飞机上直到它的速度降到更适宜逃生的速度。你会感到疼痛，但不会有大问题。如果海拔更高，气压下降，困在身体内部各个隔间的空气就会试图解开扣子伸展开来。没补过的牙洞里一点点空气都会挤压神经造成疼痛。鼻窦腔里也会发生同样的事情——特别是如果鼻子还堵着的话。即使气体溶入了脑脊液，脑室还是会试图扩张。如果我的头骨上有一个洞，跟我一起在高空模拟室的学生们就会看到我的大脑从那个洞里鼓出来[①]。你最容易注意到的气体扩散应该来自你的消化道。在25 000英尺处，就胃里的气体来说，会扩大3倍。“尽管放出来吧。”教员对我们说，好像11位男大学生要等到他下令才肯放似的。

鲍姆加特纳正在休息。他瘫坐在一把椅子上，头盔放在腿上，小口喝着水。（佩里斯的天空探险没有红牛喝。）项目技术总监亚特·汤普森心情很好。宇航服表现不错，鲍姆加特纳在里面感觉

---

① 作者注：这一事实是证明过的。1941年，梅奥基金会航空医学研究实验室的科学家们说服了一个头盖骨上还留有手术钻洞的女人坐在他们的高空模拟室里，他们把她带到了28 000英尺的高空。这位病人（病人这个词再合适不过了）坐在一个厘米级的尺子前，研究员们就像高尔夫球童一样，在她头顶的洞里插了一个小小的三角旗来定位。在28 000英里的高空，她大脑上的小旗上升了整整1厘米。

也很舒服。（是在宇航服里所能感受到的最舒服的程度。就像宇航服历史学家哈罗德·麦克曼所说的：“那不是个适合人待的地方。连个适合人去的地方都不能算。”）

你读到这里的时候，很有可能菲利克斯·鲍姆加特纳已经完成了他创造历史的一跳。在我写下这些的时候，我还不知道结果如何。我对此保持谨慎的乐观态度。从极高海拔跳伞是很危险，但是应该没有鲍姆加特纳平时的举动——从极低海拔跳伞——那么危险。如果从太空跳伞的时候出现了问题，你有5分钟来想清楚该怎么处理。可是在BASE跳伞的时候，你连5秒钟都没有。跳BASE的人都不带备用伞，因为根本没时间用到。“这也是为什么他们一般都没有太长的……”汤普森在找合适的词。

“寿命？”我说道。

“职业生涯。”

汤普森说他不担心。“最终，大多数跳BASE的人都会志得意满，但是菲利克斯对他所做的事情真的非常事儿屁。这也是他能活到现在的原因。”

勇敢而又事儿屁：理想的太空探险者。尽管你不会在任何宇航员推荐特质清单中看到“事儿屁”这个词。NASA尽量不用像屁这样的词，除非不得不用。

第 14 章　分离焦虑

零重力排泄的传说还在继续

一群男人聚在一起，在政府机构的一个马桶里装闭路电视摄像头恐怕不是第一次了。但是装个摄像头还饱含祝福，并能得到这个政府机构的财政支持就绝对是第一次了。而监视器就装在厕所里，角度调整好，以便坐在马桶上的人可以看到。

马桶左边有一个小小的塑料标志：

姿势训练器 坐在训练座上，展开臀部

约翰逊航天中心的这个“便盆摄像头”是训练宇航员用的。“便盆摄像头”是它更通俗的名字。它为你终生都在亲密接触但从未真正看到过的东西提供了一个栩栩如生，引人注目的角度。或许跟从太空第一次看到自己星球的感觉也相去不远。姿势是很重要的，因为宇宙飞船上的马桶下接一个4英寸的横向管道，而不是像地球上我们习惯的那种18英寸的深洞。吉姆 · 布罗扬是一位废水工程师，他为NASA宇航员设计马桶和其他便利设施。他正在带着我四处参观。布罗扬身形纤弱，面部瘦削。他从一副金属框眼镜上方凝视着他的客人。他有着一种神秘而不动声色的智慧，并且，我想象，跟他一起工作应该非常有趣。

“摄像头让你能看到你的屁股，你的……”布罗扬停下来想一个更好的词：不是要更礼貌，只是为了更准确：“……肛门是否对准了中心点。”在没有重力的情况下，你光靠感觉是无法准确估量自己姿势的。你并不是真的坐在座位上。你只是飘在离它非常近的地方。目前的趋势，布罗扬说，是降落在过于靠后的地方。这样你就失去了靠近的角度，然后你就会弄脏传输管道的后部，并会堵住一部分环绕在边缘的气孔。非常，非常不好。太空马桶的原理跟商店用的吸尘器差不多；布罗扬用的词是“贡品”，“贡品”不是被水和重力引导，或者说“带走”的，而是被气流带走的。水和重力在轨道运行中的宇宙飞船上几乎不存在。这样，堵住气孔就会把马桶弄坏。而且，如果你把这些洞堵住了，你就得负责把它们清理干净——布罗扬轻描淡写地说，这一任务会比较“艰巨”。

装有便盆摄像头的那个房间是一个真正的卫生间，从水池到垃圾桶全套设备都有。但是它主要的功能还是教室。每一位宇航员都必须来这里接受斯考特·魏因斯坦的如厕训练。他也来和我们一起参观了。魏因斯坦还负责厨房训练——在太空怎么吃饭。他的教学手段绝无仅有：把全世界训练最良好，让人最信任，成就最好的人们带过来，送去托儿所。这些人在婴儿时期学过的一切——怎样穿过房间，怎样用勺子，怎样坐在马桶上——都必须为了去太空而再学一次。

斯考特块头很大，有6英尺5英寸，也不是没料的。他的孩子都还小，你很容易想象他跟孩子们在一起时的样子——孩子们在他腿上，背上，在他身上爬来爬去，就跟他是个大玩具似的。虽然他的专业是废物处理，但是在NASA他有7年的时间在别的地方描绘火箭轨迹。最终魏因斯坦意识到他还是想做和人打交道的工作。我觉得他对自己做的事情应该很在行。他有一种友善，坦诚的天性，让你很容易跟他坐下来讨论一些通常不会跟别人讨论的问题。

这可比你想象的重要多了。零重力环境下排泄不完全是个玩笑。哪怕简单的小便行为，在失重状态下也可以变成需要插输尿管，并使电波另一端的航空军医为难的紧急医疗状况。“在太空中，内急的感觉跟地球上不一样。”魏因斯坦说。地球上有早期警报系统，太空中可没有。重力会使废液聚集在膀胱底部。随着膀胱渐满，拉力受体受到刺激，就会提醒膀胱的主人内容增加，并给出紧急度逐渐增加的内急信号。而零重力环境下，尿液不是聚集在膀胱底部的，表面张力会使它附着在膀胱壁各处。只有当膀胱几近全满的时候四壁才会开始产生拉力并发出信号。而此时膀胱可能已经满到触发尿道关闭了。魏因斯坦给宇航员的建议是，不管有没有感觉，都定时去一下洗手间。“大便也是一样。”他补充说，“你不会有跟在地球上一样的感觉。”

布罗扬和魏因斯坦邀请我试一下姿势训练器。魏因斯坦伸手拨了墙上一个开关，打开马桶里的照明灯。因为一旦你坐在上面，天花板的灯光就被挡住了。“那么，”魏因斯坦说，“你要尽量调整自己，对准灯光，看看自己做得怎么样。”

我问他宇航员通常是在排便的过程中观察呢，还是在开始前观察。

布罗扬显然震惊了。“这个马桶是不准排便的。”他看了魏因斯坦一眼，这一眼非常短促，但包含的信息确凿无疑：我的天哪，我的天，她要拉在镜头上。

说实话，我真没这个打算。

魏因斯坦还是那么友善：“嗯，技术上说是可以的。但是这样一来座舱系统还得来把它清理干净。”

“玛丽，这个马桶不能用。”布罗扬需要确定我明白他的意思。

以前出现过一次，肇事逃逸。“那时我还没来。”魏因斯坦说，“如果我在这里，我会调监控录像的。”他祝我好运。两个人出去，关上了门。

想象你偶然发现了一个特殊的色情频道，突然意识到屏幕上的人是自己。我的大脑自动重新诠释了这个画面：看到那个搞笑布偶了吗？看他的嘴。他在说什么啊？他只会说："呜呜呜呜呜……啊啊啊啊啊啊……呜呜呜呜呜。"

魏因斯坦和布罗扬回来了。魏因斯坦说，他怀疑很多宇航员可能根本不用便盆摄像头。"我感觉他们大多数人不想看到自己。"所以他又提出了另一种定位策略："双指节法"。肛门到马桶座前端的距离应该和中指指尖到大关节处的距离相等。

与姿势训练器在同一面墙上的是装备齐全功能良好的宇宙飞船用便器。它们看上去与其说像马桶，不如说更像是高科技大容量洗衣机。虽然设备本身算是宇宙飞船上原版的高保真版本，但是使用感受可完全不同。约翰逊航天中心是有重力的，单凭这点，一切都不一样了。重力可以实现一种在太空废弃物收集圈里叫作"分离"的东西。失重状态下，粪便的重量无法让它脱离落下自由探险。所以太空马桶里的气流除了代替冲水功能外，还可以帮助零重力排泄实现最关键的一环：良好的分离。气流可以把废料拉离它的源头。

魏因斯坦分离小贴士另一条是：张开屁股。这样，身体与"食团"（又一个废弃物处理工程专用委婉词汇）的接触范围就变小了——因此需要打破的表面张力也就小了。最新的马桶座就设计出了一个"张开屁股"的功能，好使分离更干脆一些。

更聪明的设计恐怕是采取世界其他地区——以及人体排泄系统本身——都更喜欢的姿势。"蹲姿可以让人把屁股张开。"汉胜公司高级工程师唐·拉特克说。汉胜公司在过去几年承包了很多NASA废物收集系统的工作。拉特克向NASA建议，抬高踏脚板，让想要在零重力模拟蹲姿的人更好适应。没门。凡是跟宇航员物质享受相关的问题，熟悉度总会战胜实用性。如果没有重力，餐桌简直毫无意义，但是所有执行长时间任务的宇宙飞船上都装有餐桌。船员们希望在一天结束的时候围坐餐桌旁吃点东西，聊聊天，感受一下正常生活，忘记自己正独自飞翔在黑暗死寂的真空中这一事实。自阿波罗任务结束后——当时用的还是粪便袋，还不是马桶——卫生间设施就是一个敏感话题。“宇航员们回来后，他们生理上、心理上都想要一个能坐在上面的便盆。”拉特克说。

心情可以理解。粪便袋就是一个透明的塑料袋，尺寸都跟呕吐袋差不多，让人又恐惧又反感这点也一样①。袋子顶部有一个塑模黏合圈，圈的设计可贴合一般宇航员屁股的弧线。实际基本都不贴，黏合部分还会粘到毛发。更糟的是，没有重力也没有气流或者别的什么来帮助分离，宇航员需要用自己的手指。每个袋子在接近顶部的地方都有一个内嵌式小口袋，叫作“指套”。

愉快的旅程至此还没有结束。在把袋子卷好封口困住那个让人恼火的怪物之前，宇航员还有一个步骤要做，就是撕开一小袋杀菌剂，把里面的东西挤进袋子，并手动将它从头到尾捏进粪便。

---

① 作者注：不过情况还是有可能更糟的。同样也是为阿波罗的飞行员考虑的设计还有：“排便手套”。它的用法是，宇航员戴着手套，用自己的手掌环住粪便，然后拉下手套，很像狗主人用报纸捡狗粪的样子。另外还有“中国手指”，就是一个你拉一下末端就可以夹在衬衫上的袋子。这个名字来自同名派对烂玩具——恐怕也有宇航员对这个设备的反应在里面。

如果不这么做的话，粪便细菌会开始做细菌自己的工作：分解废物，放出气体。如果在你身体内部呢，这些气体就会变成你自己的屁。但是封好口的袋子不会放屁，那么如果没有杀菌剂的话，它最终会爆开。“测验好朋友的方法之一就是把你的袋子递给他，让他帮你捏杀菌剂。”双子星座计划及阿波罗计划的宇航员吉姆·洛维尔告诉我。“我都是这样：‘弗兰克，给你，我忙着呢。’”

鉴于这项工作如此复杂，“逃亡者”——这是宇航圈里对自由漂浮的粪便的称呼——时常折磨着船员。以下对话节选自阿波罗10号任务记录。演员：任务指挥官托马斯·斯坦福，登月舱驾驶员吉恩·赛尔南，指挥舱领航员约翰·扬，在距离最近的卫生间200 000多英里的环月球轨道处为您呈现：

赛尔南：……你知道一旦脱离月球轨道，你就能做很多事情了。你可以降低动力消耗……现在是——

斯坦福：哦——谁干的？

扬：谁干的？

赛尔南：什么？

斯坦福：谁干的？（笑）

赛尔南：这是怎么回事？

斯坦福：赶紧给我张纸巾。有一坨便便飘在空气中。

扬：不是我干的。这个不是我的。

赛尔南：我觉得也不是我的。

斯坦福：我的比这个黏一点。把它扔掉。

扬：我的个天哪。

（然而8分钟后，在讨论废水丢弃时机的时候。）

扬：他们有说过我们什么时候丢都可以吗？

赛尔南：他们说要在135。他们告诉我们——又来了一坨天杀的便便。你们怎么回事啊？快，给我一个——

扬/斯坦福：（笑）……

斯坦福：它就这么飘来飘去的吗？

赛尔南：是的。

斯坦福：（笑）我的要比这个黏一点。

扬：我的也是。一沾到袋子——

赛尔南：（笑）我不知道那个是谁的。我不能宣称负责也不能宣称不负责。（笑）

扬：这里到底是怎么回事啊？

布罗扬给我看了一张NASA 1970年左右的照片，拍的是一名员工在演示阿波罗粪便袋的用法。这个人穿着格子裤子，芥黄色衬衫，袖口还有袖扣。20世纪70年代大多数照片都会让里面的人在很长一段时间内感到难堪。而这张照片比大多数照片尤甚。这个人弯着腰，屁股伸出来对着镜头。一个粪便袋粘在他裤子的后裆下部。他右手的食指和中指在指套里，摆出张开的剪刀的造型。小指上戴着一个宽宽的银质尾戒。虽然他的脸没有出现在镜头里，但据布罗扬说，还是有人"推测"他的身份。布罗扬将这张照片收入了他最近写的一篇工程学论文初稿的历史部分。他的上司叫他拿掉这张照片。感觉它"显得NASA不是那么好看"。

以下是布罗扬总结的宇航员对双子星座-阿波罗粪便袋系统的反馈，这份反馈来自同一篇论文。显然不是所有宇航员对这个场景的反应都像扬、斯坦福和赛尔南那么欢乐。

> 粪便袋系统只能起到最低限度的作用，并且宇航员们认为它非常“没品”。袋子很难定位。宇航员如果不弄脏自己、衣服和舱室就很难完成排便。在舱室如此狭小的情况下，袋子没有任何办法控制气味，气味非常突出。由于很难用，每位宇航员每次要花多达45分钟的时间来排便[1]，导致粪便的味道在一天中大部分时间里会环绕四周。宇航员十分不喜欢粪便袋，以至于有些人会一直用……药物来使自己在任务过程中尽量减少排便。

双子星座-阿波罗小便袋相对没有那么惹人厌，但也不是很讨人喜欢。特别在它们爆裂的时候。吉姆·洛维尔的袋子在双子星座七号计划中就爆裂了。吉恩·赛尔南在回忆录中写道，吉姆形容那次任务“就像在公共厕所里待了两个星期”。汉胜公司的宇航

---

① 作者注：因为宇航员的时间都是严格计划好的，又因为大便时间无法严格计划，所以宇航员之间不得不发生像下面这样的对话。下列对话来自阿波罗 15 任务记录，双方分别是指挥官戴夫·斯科特和登月舱驾驶员詹姆斯·埃尔文。

斯科特：小埃，我们这里休息一下吧。那个……

埃尔文：我想要解个手，如果可以的话，戴夫。

斯科特：好的。

埃尔文：你刚才说那个什么？

服及马桶工程师汤姆·蔡斯简洁地总结了一下工程师们的情绪，NASA在阿波罗任务结束时美化说："我们需要做得更好。"

NASA的第一个零重力马桶需要手动装载及卸载你自己的袋子，这个设计在太空医学实验室的事实收集阶段可以更好地收集样品[1]。马桶是装在墙里面的。在接下去的几年里，为了适应宇航员心理上及前庭系统的需要，NASA的工程师和设计师开始把房间和实验室修得越来越像有重力的地球上的布局："地板"上摆着桌子，"天花板"有照明。

宇宙飞船的马桶一直是装在地板上的，但即便如此，也不能算是正常。传统的宇宙飞船马桶装备有一套华林搅拌刀片，就装在人体下方6英寸的地方。这个粉碎机的作用是将粪便和纸团——这里指的是真的纸巾，如果顺利的话，不是阴囊，没有歧义——打成浆状，然后丢到旁边的接收器里。"打出来的算是某种膏状物，像混凝纸那样。"拉特克说。可是当接收器里的东西接触到太空寒冷干燥的真空时，问题就发生了。（冷冻是杀菌的一种方法。）

---

① 作者注：太空实验室和阿波罗时代宇航员的样本至今还在，就在休斯敦的约翰逊航天中心一座戒备森严的大楼没有窗户的顶层冰柜里——这座楼里还放着NASA收集的（非生物）月球岩石。"我不确定现在我们有多少阿波罗时代的存货。"约翰·查尔斯告诉我。"冻了40年了，只有在飓风造成停电的时候才会偶尔解冻一下，恐怕它们只剩下从前荣耀的残骸了。"它们自1996年起就摆在那儿了，因为行星地理学家拉尔夫·哈维领着一群贵宾参观迷路的时候踩到过。"那时候所有的门密码都一样。"他回忆说，"我打开这个门，然后里面的场景很像《夺宝奇兵》里的一幕。有一排排又长又低的冷柜，上面都有一点点闪烁的光和温度显示屏，贴着宇航员的名字。我心想：靠，他们把宇航员存在这儿了！于是我迅速带着人出去了。后来我才发现，那里是他们放宇航员粪便和尿液的地方。"哈维不记得房间号码了。"你得误打误撞才行，只有那样你才能找到。就像纳尼亚一样。"

因为它们不黏在一起了，“纸”就失去了它的“混凝”。而下一名宇航员再打开粉碎机的时候，在接收器壁上排成一线的粪便碎片就会被刀片带动起来，变成灰尘，而这种灰尘会逃回船舱里。

情况有多严重呢？据NASA评估报告3943号的内容：“据报告，正参加空间运输系统任务（41-F）的宇航员又用起阿波罗风格的粘贴袋了。在此前的任务中，粪尘产生的云团导致一些宇航员拒绝进食，以减少使用设备的次数。”同一篇报告中还写道，粪尘不只是让人恶心，而且会导致“不健康的大肠杆菌在口腔中滋生”。这种情况在潜水艇中就发生过，而罪魁祸首是污水汽的“反吹”。

粉碎机已经消失很久了，但逃亡者还是不时折磨着宇航员。如今会出现的情况呢，你通常只会在太空机构关于废弃物收集的相关论文中读到，真心希望不会出现在其他地方。这个情况就是：“粪便爆米花。”布罗扬兴致勃勃地给我描述：“因为其他的东西都冻住了，那么进去的东西，依便便的硬度而定，就会从内壁上弹起来。你见过那种老式的空气爆米花机吧？里面有气流，而且气流算是在循环。东西就飘浮在气流里，而且往往会回到管子里向上来。”真是厉害死了。

粪便爆米花也是宇宙飞船上的马桶装后视镜的原因。“我们要求他们在关门前回头看一眼。”布罗扬说，“以免有一块正在沿管子飘上来。”粪便爆米花是粪便腰斩的网关现象。你不会希望粪便腰斩这种事出现在你那艘船上的。如果一名宇航员在关闭马桶输送管顶端的滑动闸门时，一块粪便爆米花正在爬上来，那么闸门可能会在它上来的路上将它腰斩。而这种情况之所以可恨有两个原因。一是抹在闸门上方的东西，不管它是什么东西，都跟宇航员分享着同一个舱室，而且，用布罗扬的话说："他们会一直闻到它的气味。"二是，抹在闸门下方的东西冷冻后会变干，把闸门粘住就打不开了。结果厕所坏了，大家都得用备用废弃物收集系统：阿波罗粪便袋了。如果你就是造成这一切的那个笨蛋的话，你就等着被同行的其他宇航员反吹吧。

像粪便爆米花这样的情况你是绝不可能预见到的。有些事你不上轨道是没办法知道的。这也是为什么马桶，就像飞翔在太空中的其他东西一样，需要先拖去抛物线飞行测试一下。这种情况下，测试面临着绝无仅有的挑战。

说到这些，昨天下午快到傍晚的时候，我突然想到，我想试用一下宇宙飞船训练用马桶。我当时已经从公共事务部约好跟布罗扬、魏因斯坦和我的随行见面的时间了，时间在第二天中午。可我的结肠说：上午九点。最晚不能超过上午九点了。于是我给我的公关随行格伊里·佛瑞打电话，想跟她解释一下我的处境，看是否能把时间安排到早上。结果我打电话的时候她正在参加她孙子的毕业典礼，周围很吵，所以她得喊给我听。我想象她老公从庆典中转过头来问她什么事。我想象格伊里对着他的耳朵喊：是那个作家。她想在航天飞机马桶里拉屎！我赶紧道歉然后挂了电话。

我迂回的想法是，要给排泄做计划，哪怕只是改几个小时都会很奇怪。那么想象一下要在预定的20秒失重时间内做这件事得有多难。退休的NASA食物科学家查尔斯·伯兰有次跟一组测试零重力马桶样本的工程师一起进行了抛物线飞行。马桶的周围有一个小屏风，但伯兰还是可以看到那个人。"他要做的是大号。"他告诉我，“他已经完全准备好了，但就是无法在适当的时间拉出来。周围到处是开玩笑和给他加油鼓劲的叫喊声。”但伯兰什么也没说。他当时一边在跟晕动症作斗争，一边在抽样测试72种太空实验室的新食物，其中包括奶油青豆和牛肉泥。他绝对不需要再有别的东西来刺激呕吐了。

有些在失重情况下做的实验更多是为了探索自然。“尽管听上去很奇怪，如果你想要掌控从后面出来的是什么，你就得了解它在干吗。”汉胜工程师汤姆·蔡斯说。我是在北极的一次模拟月球探险中遇到他的。蔡斯当时是去研究宇航服而不是马桶的，但他还是很愿意跟我便谈。“比方说……”蔡斯开始在腿上放着的汉胜绘图纸上画图示范了，“没有重力把东西拉直，它们在出来的时候往往会卷曲。”①这些当天就被记录在了NASA和汉胜马桶工程师的一系列16毫米胶片中了。感谢这项工作，航空航天废弃物收集系统工程师不仅知道了这个卷曲的现象，而且知道了它的曲度范围和最常见的卷曲方向（向后）。他们知道了在一定程度上，越软的卷得越厉害。为什么他们需要知道这些呢？因为卷曲会黏在输送管顶端，并对气流造成影响。

影片记录的志愿者有男有女。据蔡斯说，女人来自“护士团里的一些姑娘”。脚本的保密级别是限制传播，但是，汉胜传言，它的受众时常超过限定范围。基本上“有兄弟在废弃物管理设计的人”都看过了。蔡斯的同事说。“非常，非常流行，这些影片。”

---

① 作者注：拉特克管这个叫“橘子皮效应”。这个说法也指喷漆表面的缺陷，最典型的就是汽车上的抛光剂。不管怎样，车身美容的那个人都该向你道歉。

然后终于有看过这些屁事的人看到了它惹出大麻烦的可能性。“你可以想象一下后果。”蔡斯说——要是有人FOIA了可怎么办！（FOIA指Freedom of Information Act，信息行为自由，指记者和公众可以要求得到非保密级别的政府文件。）影片被销毁了。蔡斯对它们的逝去悲痛万分。他也是月球任务马桶工作小组的一员。“太不幸了，我们这里正在经历这个阶段，那影片对我们超有用啊。”

丹·拉特克说其实更麻烦的工程问题——也是影片里的大头——是小便。一个原因是，在太空中，液体会黏在身体上。“没有了重力。”拉特克说，“物理上，表面张力就开始发挥作用了。”哪怕在人的头发上也是，表面张力会让液体附着在头发上。拉特克说在零重力状况下，头发较长的人能比一般人多带2~3升水。NASA需要知道耻毛会在多大程度上影响女人的“速度势”。（斯科特·魏因斯坦的解释很有帮助，也就是看“在雪地上写你的名字”有多简单。）

蔡斯又开始画了。“并不是只要小便就会形成完整的圆柱形水流的，如果你观察过发生了什么就会知道。对女生来说，要得到纯粹的水流会有很多阻碍。”阻碍即是：阴唇和耻毛。而水流一旦被削弱就会分开，形成漂浮的水滴。然后蔡斯告诉我一件令人震惊的事情。他说他知道有个女人，在野游或者背包旅行的时候，“能把裤子脱到膝盖，然后类似向后靠在一棵树上，只要稍微移动一些东西，挪出一点空间，就能直接开火并且引导它的方向”。我沉默了一会儿好深思一下这个全新的改变了我生命的信息。蔡斯继续说：“我告诉你，女人可以比男人尿得更有力量。但是你必须想要控制你的身体。就是有些女人比别的女人更不介意探索自己的潜力。”

没有哪种女人——不管多不介意——会想要男性马桶工程师和他的密友们做自己的观众。护士们最终听到了风声，并且拒绝再参加任何影片拍摄了。于是汉胜不得不发挥自己的创意。“有一个人肚子上有很多毛。”蔡斯说。一边说一边向后靠在椅子上，把肚子凸起来：“如果他这样……”他把两个手掌放在肚子两边，把肚子向中间推，这样就可以想象他衬衫下面的肉形成一条垂直的褶皱。“他做出来的样子差不多。于是在零重力下他们就可以往他身上泼（尿液）代用溶液然后拍下来，这样他们就能了解小水珠的形成状况了。”蔡斯松开手：“这个想法不错。”

测试零重力马桶还有其他办法。“在NASA的艾姆斯研究中心，我们的任务是发明人类粪便模拟物。”卡纳帕提皮莱·“格格”·魏格纳拉亚在2006年的一篇技术论文中这样写道。魏格纳拉亚无疑是这一领域最顶尖的思想家，但他不是第一人。在他之前也有别人——比如说，尿不湿行业的人——试过搅碎的布朗尼、花生酱、南瓜派填料、土豆泥。魏格纳拉亚觉得这些东西都不好“屎”，因为这些替代品没有一个能模拟，用他的话说：“人类粪便的行为方式。”——它的控水性和流变能力。流变能力，在食品科学中，指的是对稠度的研究。稠度是由像黏性和弹力这样的东西决定的。食品技术人员有专门为测量这些东西而设计的特殊设备，而如果他们够聪明的话，他们是不会把这些设备借给NASA艾姆斯这里的任何人的。

魏格纳拉亚评价最高的模拟物是由黑豆泥做的。虽然黑豆泥的蛋白质含量过高，因此控水性差了一点，但是它的样貌和表现都跟人类粪便无比接近，以至于以后再去墨西哥快餐店，至少在我心里，感受都永远不一样了。基于黑豆泥的模拟物设计者来自"乌姆普夸"，我觉得魏格纳拉亚指的是乌姆普夸社区大学，应该不是乌姆普夸银行或者乌姆普夸印第安部落。

NASA艾姆斯实验室的人把乌姆普夸牌粪便打得落花流水。艾姆斯的配方中有8种主要原料：味噌、花生油、车前草、纤维素，还有"粗略磨过的脱水蔬菜物质"等。或许尝起来没有乌姆普夸模拟物那么好了，但它在其他方面都更胜一筹。主要成分是大肠杆菌，占了重量的30%——就像在真正的人类粪便中的比例一样。我不确定在艾姆斯的厕所部门是否驻扎有粪便细菌的殖民地——除了员工肠子内部的殖民地外——还是他们从哪里订购来的这些细菌。魏格纳拉亚没回我的邮件。

在艾姆斯的模拟物里，唯一缺少的一点就是粪便的气味。为了确定未来厕所的气味控制措施符合期望，魏格纳拉亚计划在艾姆斯的模拟物里添加有臭味的化合物。这不禁让人思考，为什么要费尽力气用模拟物呢？干吗不用真东西呢？他们也用的，但只在最后关头才用。"最终测试可以用真正的人类粪便进行有限实验。"对于接触人类排泄物的限制严格至极，NASA的研究院从前甚至用过猴子和狗的粪便来扮演这个角色。

布罗扬的polo衫上有一张国际空间站装配任务ULF2的臂章。它的设计体现了国际空间站马桶的方方面面，全排在一个椭圆形的马桶座里。还写着一句口号：我服务，我骄傲。

布罗扬有充分的理由骄傲，魏因斯坦、蔡斯、拉特克、魏格纳拉亚跟与他们一起工作的所有人都应该骄傲。一个成功的零重力马桶就是一个精巧的谋略，包含着工程学、材料科学、生理学、心理学和礼仪规范各个领域。就像魏格纳拉亚的模拟物一样，哪怕缺了一个因素，出来的东西都不对。而且很少有其他的工程问题有如此强大的力量，能够绝对彻底地影响宇航员的生存健康。

排泄问题还可能产生更深层次的影响。我采访过一位叫作丹·福格翰姆的退休空军上校，他曾参与选拔第一批加入水星计划的宇航员。福格翰姆上校告诉我排泄难题是他们没有考虑女飞行员的主要原因。[①]“我们知道女人和男人一样强。我们在整个二战期间都有女飞行员。她们可以飞战斗机，可以飞轰炸机。”但是她们没办法用末端是一个安全套的服装内小便收集系统。“在后勤上，人体废物收集真的是个问题。”（显然成人尿布躲过了所有人的雷达。）[②]“当时简直是用枪指着我们要把这件事做起来。”福格翰姆回忆说，“于是我们说：‘我们来减少一些需要担忧的事情吧。’”

---

① 作者注：也是俄国人选用女性的主要原因——确切说是雌性啦。事实证明，要训练公狗尿在收集设备里实在是太难了，因为太空舱的限制，它们无法采用它们原本的姿势——抬起一条腿。

② 作者注：据 disposablediaper.net 网上的尿布发展时间线，成人尿布首次出现在 1987 年（在日本）。虽然早在 1942 年就有一次性尿布了。发明者是一家瑞典公司——有人说是 NASA，这是不对的。如果你浏览一下这个时间线的话，看上去确实有些时候好像 NASA 是参与了。有真空干燥尿布、无浆尿布、带弹性关闭系统的尿布、“小底盘伸缩侧翼”尿布等。NASA 用的成人尿布是 COTS——“（commercial off the shelf）商用现货”产品。现在用的这种叫作吸收性。很难想象尿布还能有更糟的名字了，可能除了 NASA 之前的商用现货成人尿布：庆祝。

如果你读过《水星计划13：关于13位美国女人和太空梦背后的故事》，你就会看到挡在女飞行员面前的还有其他东西。比如副总统林登·约翰逊。有一封发给NASA主管，督促他允许女战斗机飞行员申请成为宇航员的信，副总统不仅没签字，还在封底下写了："现在就停下来！"

后来任务时间延长到需要为粪便问题考虑对策，参加任务的人数也增加到了两个人，女性问题却依然存在。"NASA不愿意找女宇航员的一个重要因素是隐私问题。"前NASA心理学家帕特里夏·桑提是这样描述阿波罗-双子星座时代的。在《选择正确的员工》一书中，她提到了私人太空厕所的发展——"或许比其他任何原因都更有力地"——推动了NASA引进女宇航员的决心。

厕所问题到底是排斥女性的原因呢，还是借口？你或许会认为联邦政府禁止在招聘中进行性别歧视的法案会比一扇厕所门更有推动力。讽刺的是，对于太空飞行来说，女性宇航员比男性更经济。她们的平均体重更低，呼吸少，需要的饮料和食物都比男性少。也就是说，只要送上去更少的氧气、水和食物就够了。

而NASA没有选择更小，更紧凑的人类来降低发射成本，他们选择的是发射更小，更紧凑的炖肉和三明治还有蛋糕。真的很少有这么可爱的东西这么招人恨的。

第 15 章 令人不安的食物

兽医主厨，以及航空航天厨房测试的其他悲惨经历

1965年3月23日，一个从沃菲熟食店买的腌牛肉三明治被送上了太空。这家沃菲店位于佛罗里达州可可海滩，与肯尼迪太空飞行中心相距不远。宇航员沃里·施艾拉叫了这个三明治外带，然后开车把它带回了肯尼迪中心，并说服宇航员约翰·扬把它偷偷带到双子星座三号的舱里去吓吓与他同行的队友加斯·格里森。在长达5个小时的飞行中，第二个小时的时候，扬把它拿出来了。那一刻并不完全像设想的那样。

格里森：这东西从哪儿来的？

扬：我带上来的。尝尝怎么样吧。味道很重，有没有？

格里森：是的。（而且）都散了。我把它放进口袋好了。

扬：反正也算是个想法。

格里森：对头。

这一“腌牛肉三明治事件”在当年晚些时候的国会预算听证上成了NASA反对者的坚船利炮。在1965年7月12日的国会记录上，一名叫莫尔斯的参议员力图将NASA申请的50亿美元的预算减少50%。他说扬“嘲弄了”整个双子星座科学计划，嘲弄了它精密计算过的摄入和产出值。还有人问NASA的行政官员，如果他连两名宇航员都控制不了，怎么还能控制这几十亿的预算呢？扬被给予正式惩戒。

违禁品沃菲三明治违反了不少于十六条《牛肉三明治，脱水版（一口一个版）》的正式生产要求。该要求长达6页，而且阐述方式都是不祥的圣经诫命体。（“不得有……潮湿或洇水区域。”“表皮不得剥落或破碎。”）此外，沃菲三明治还有第102号缺陷（“有异味，如，馊味”）及第153号缺陷（“手握即坏”），以及几十条其他有编号上榜的缺陷。但愿没有第151号：“可见骨头、硬壳或硬腱材质”。

太空舱里吃的食物必须跟沃菲快餐三明治相反。太空食物必须轻巧。NASA发射到太空的重量每增加一磅，燃料上的开销就要增加几千美元。双子星座三的舱室跟一辆跑车的内部空间差不多大。由于大小重量都有严格限制，太空食品技术也都以“热量密集”为先决条件：尽量带最有营养，能量最多，体积最小的食物。（极地探险面临的限制条件和热量需求也跟太空差不多，但是他们没有政府研究预算，于是就带一条条的黄油。）即使是培根也要用液压挤一下，让它更紧凑（并重命名为培根方）。

压缩食物不仅占更少配载——配载是小孩子和飞机设计师对“存储”的叫法——而且在太空里，它更不容易碎。对宇宙飞船工程师来说，碎屑不只是卫生问题。零重力下，一颗碎屑不会掉在地板上假装不存在，磨成地板的一部分直到清洁工来收拾它。在太空中它会飘浮起来。它可能会飘到控制面板后面，或者飘进谁的眼睛里。这也是为什么格里森看到腌牛肉三明治散架，就赶紧把它收起来了。

而三明治块就不同了，三明治块你一口就能吃掉。哪怕是一片烤面包，只要你能把那玩意整个放进嘴里，它就不会掉碎屑。你可以做到的，只要你的面包片跟扬和格里森的面包片一样，以烤面包块的形式出现。而为了保险起见，面包块外面还要套一层可食涂层。（食谱上写着："将油脂涂层冷却，直到它凝结……"）

航空航天喂食小组——有些是空军的，有些是陆军的，还有些商业的——为完善他们食物块外面的涂层投入了巨大的努力。一份技术报告中列出了配方逐步演进的过程。配方5太黏了。配方8在真空中会裂开。而大家一致认为配方11（融化的猪油、牛奶蛋白质、诺克斯明胶、玉米淀粉、蔗糖）刚刚好，除了那些吃它的人。"会在嘴巴里留下奇怪的味道，而且会黏在上颚上。"这是吉姆·洛维尔在双子星座七计划中向任务控制中心抱怨的内容。

把重量不到3.1克，"从18英寸高空落在硬质地面上"也不会破碎的上过漆的三明治块发射到太空是一回事，使这种东西能让一个人高高兴兴健健康康地一口气吃上几个星期是另一回事。水星计划和双子星座计划的任务时间大都很短，只有一两次例外。你随便吃什么都能撑上一天或者一个礼拜。但是NASA的眼光放在了长达两周的月球任务上。他们需要知道：如果一个人只吃猪油片和预胶化的腊状苞米，他的消化系统会发生些什么？军队测试厨房想出来的那些食物能供人类存活多久？更大胆的想法是，这样的东西一个人会想吃多久？这种食物对情绪会有什么影响？

整个20世纪60年代，NASA给很多人付了很多很多钱来回答这些问题。太空食品研发合同分发到赖特–帕特森空军基地的各个航空航天医学研究实验室（航医所AMRL），后来又发到了布鲁克斯空军基地的航空医学院（航医校SAM）。美军纳蒂克实验室起草了生产要求，商业供应商负责烹饪，航医所和航医校则把成品分配给地球上的测验对象。这些基地都有布置精美的模拟太空舱，志愿者小组就在这些舱里模拟太空飞行。有些在里面一待就是72天。测试内容往往除了食物，还有宇航服、卫生保养品和各种舱室空气环境——其中还测试过70%的氦气，真是令人愉悦。

每天3次，实验食品会由营养师放在一个模拟气闸里。过去这些年，实验对象们依靠各种处理过的奇形怪状的太空食品存活了下来：块状的、棒状的、浆状的、条状的、粉状的，还有"可再水化的"。营养师把进去的东西一件件称重、测量、分析，对出来的东西也是同样。"粪便样品被……分布均匀、冷冻干燥，然后一式两份进行分析。"基斯·史密斯中尉在一份太空食品营养分析报告中这样写道，那次的食材包括炖牛肉和巧克力布丁。你衷心希望史密斯中尉不会把自己的容器搞混。

这个时代的一张照片拍的是两个男人在拥挤不堪的情况下，绑着医院用的棉球和带子，带子上有一堆生命体征监控器。一个年轻人弓着背坐在双层床的下铺，那张床又窄又薄，就跟个双层熨衣板一样。他左手拿着一个像是花色小蛋糕的东西，腿上放着一个塑料袋，里面装着更多的四层小方块：这些是晚餐。有一根管子用胶带贴在他的鼻子上。他的室友戴着黑色的克拉克·肯特式眼镜，还有带话筒的耳机，坐在某种控制台旁边，那个控制台1965年看来应该很有未来感，现在看上去则很像在冒充星际迷航。注解写得一点帮助也没有："太空食品人员，1965—1969"。或许写它的人试过写一些信息更丰富的东西——"测试微型三明治对心跳和呼吸频率的影响"——但是怎么写也没办法让这句话不影响空军形象。

许多这样的照片都是事前照，一脸微笑的不幸的飞行员站在航医校试验舱门口摆着造型，身边是营养师梅·奥哈拉，然后他们走进去，奥哈拉把门关上。奥哈拉看上去正像你心目中空军营养师该有的样子——不胖也不瘦，整洁得体，光鲜亮丽，虽然在给空军新兵测心率和肺活量方面看上去不那么在行。奥哈拉曾试图抛砖引玉。在一篇军事新闻服务文章中，她提出需要多注意太空食物的多样性，在“日复一日的30天甚至更长时间”里要能让人接受。

然而她似乎是唯一一个思考的人。虽然方块食品的反响不太热烈，它们的发明者还是充满热情、不屈不挠、马力全开地继续推进。他们看不到需要人用自己的口水进行再水化的食物——含在“嘴里10秒钟”再吃——在一周长的飞行时间里可能会让人意志消沉。实际真的会。一次又一次飞行任务中，三明治块——用NASA食品科学家查尔斯·伯兰的话说——“总是会定期回来。”（他的意思是在着陆后舱内往往还有剩余的三明治块，不是说三明治块会让人反胃吧。我猜。）

我给奥哈拉打了个电话，打到了她在得克萨斯州的家里，那是一个工作日的下午，刚过午餐时间。她现在70多岁了。我问她中午吃了什么。营养师的午餐，以及营养师的回答，列出来简直就像餐厅菜单一样：“烤牛肉、芝士面包、葡萄、混合果汁。”我问梅当时航医校里的模拟对象在实验早期是不是经常退出，或者半夜逃出去吃顿快餐什么的。结果没有。“他们都十分配合。”梅说。然后她向我解释，一个原因是，来做实验对象就不用参加训练了。没有比用嘴巴嚼一嚼更辛苦的活对他们来说还是挺有吸引力的。另外，作为来当志愿者的报酬，他们可以自己选择空军任务，而不是被随便送到哪里。

而在航医所那边，志愿者都是付钱请的附近戴顿大学的学生。可能是因为有钱拿，或者也许因为戴顿大学是天主学校，这些人也都很配合，而且基本上表现良好。只是有时候没有圣餐[①]会成为一个问题。曾有一名志愿者非常不安，导致科学家们破例叫来了一名牧师，通过闭路电视和麦克风举行了一次圣餐仪式。领受到的内容是一点点酒和一块无酵饼，那块无酵饼的味道恐怕跟舱里日常饮食的水平也差不多。

有一种受测食物比食物块得分还要低。“那就是早餐、午餐、晚餐都吃奶昔。然后第二天，早餐、午餐、晚餐都吃奶昔。”曾管理航医所模拟太空舱的官员约翰·布朗说。在1分到9分的范围内，吃奶昔吃了30天的志愿者对它的平均打分为3分（比较不喜欢）。布朗告诉我，3分其实就是1分：“实验对象在填表的时候会填你想要听到的结果。”一名志愿者向布朗坦白说他和其他志愿者经常把他们的奶昔倒在舱里的地板下面。尽管很不受欢迎，研究员还是评估了不少于24种商用和实验性的液体配方粉。我有次读到

---

① 作者注：在真正的宇宙飞船里，宗教观测还会更难办。发射重量限制迫使巴兹·奥尔德林只能带一个“小主”和一个顶针大小的圣餐杯好在月球上自己动手完成他的圣餐。零重力和 90 分钟环轨道一圈的日程为穆斯林宇航员带来了各种问题，以至于人们起草了一份《国际空间站宗教责任操作指南》。指南允许穆斯林宇航员不需按 90 分钟环地球一周的周期行五时礼，而按发射地的 24 小时周期行礼。湿巾（“不少于 3 片”）可以用于礼前清洁。另外鉴于轨道上的穆斯林在行礼时面朝的麦加很可能是月球麦加，指南规定他们只要面朝地球或者“随便哪里”就可以了。最后，由于零重力使人无法将面部贴近地面，俯伏姿势可以“将下巴贴近膝盖”，“用眼皮表示姿势的改变”或者——与“随便哪里”一脉相承地——“想象”这一系列的动作就可以。

一篇空军技术报告，上面列出了人们心目中可食用纸张所有的特质：“无味、有弹性、坚韧。”跟我想象中一些太空食品人员的特质一样。

与此同时在航医校，诺曼·海德尔博正在测试一种他自己发明的液体食物。空军的一篇新闻稿把它叫作“蛋酒餐”。梅·奥哈拉说它“算是一种磨成粉的代餐”“真的很不被接受”。她的语气中有种不寻常的尖刻。看来海德尔博自己在人们嘴里留下的回味也不是很好。

虽然看上去营养科学吸引的都是一些味觉虐待狂，但仍有其他力量在这里起作用。那是20世纪60年代中期，美国人迷恋着便捷，也迷恋着给人们带来便捷的太空时代的技术。女人重返职场，她们做饭和收拾屋子的时间变少了，那么只要一条或者一袋就可以解决一顿饭的食物就显得既新奇又省时，极受欢迎。

正是这种心态推动了航医所最不受欢迎的液体食物进入了它漫长而有利可图的职业生涯，它改了名字，叫作康乃馨速食早餐。太空食品棒也是从失败的军用品出身的。空军管它叫“高空给养用棒形食物”，计划的卖点是可以吃，也可以用来戳穿耐压服头盔左舷。但“我们实在没法做得那么硬”。奥哈拉告诉我。于是皮尔斯伯里把他的棒拿回来做商业推广去了。伯兰说这种食物棒有时候也会以零食的身份跟着宇航员去太空，有时候叫固定营养食品条，有时候叫焦糖棒，骗谁呢。

即便是生产食品棒和早餐饮料的公司也没指望美国人不吃别的只吃这些。但我有理由相信极端营养学家的阴谋正在影响整个NASA。这是一些管咖啡叫“二碳化合物”的人。他们能在教科书里写上几章关于“糕点顶端装饰技巧”的内容。来看看麻省理工学院的营养学家内文·S.斯科里肖在1964年太空营养与相关废物问题会议上为液体配方粉辩护所说的话吧：“人们如果有其他更值得做和更具挑战性的工作来占用他们的时间，那么就没必要非在嘴里含着东西咀嚼或者要求食物的多样性，这样才能更有成效，也更有士气。”斯科里肖夸口说自己给他在麻省理工学院的实验对象喂了两个月的液体配方餐，没有收到一句怨言。双子星座计划的宇航员刚好逃过了比食物块更加悲惨的命运。“我们希望在双子星座计划中。”NASA发言人爱德华·迈克尔在同一次会议中说，“能用上某种液体配方餐……我们将在飞行前，飞行中，和飞行后两周内都使用它。”

斯科里肖错了。人们确实有“必要非在嘴里含着东西咀嚼”。吃液体食物会让人渴望固体食物。我只花了一个上午尝试水星时代的管装食品，就已经开始渴望固体食物了。宇航员现在已经不吃管装食品了，但部队飞行员还在吃，因为他们执行飞行任务到一半的时候没办法停下来开个三明治吃。维姬·洛夫里奇是美军那蒂克战时给养理事会的食品工程师，她对我帮助很大，也跟我意气相投。她说自水星计划到现在，管装食品技术和配方本身几乎都没有变化。洛夫里奇邀请我到那蒂克去。(“丹·纳崔斯要在21号早晨做管装苹果派哦。”)我去不了，但她还是很好心地给我寄了一盒样品。那些食品看上去就跟我继女莉莉的油画颜料差不多。

从管里吃东西有一种特有的令人不安的感觉。因为它跳过了人类器官可用的两项质量控制系统：看和闻。伯兰告诉我，宇航员讨厌管装食品就是这个原因："因为他们看不见也闻不到他们吃的是什么东西。"再加上它的质地——或者用食品技术的新词来说，叫"口感"——也很让人紧张。如果标签上写着牛肉酱，你就会要求它有牛肉。那蒂克版本的牛肉酱丝毫没有碎牛肉的特征。它就是膏。所有管装食品都是膏，因为，查尔斯·伯兰称是："管口限制了它的质地。"最早的太空食品基本上就是婴儿食品。可婴儿还能用勺子吃呢，水星计划的宇航员就只能从铝管口吸着吃。这可一点英雄气概也没有，后来事实证明也没必要。勺子和开口容器在太空中都能用，只要里面的食物，用可爱的梅·奥哈拉的话说："有粘在……东西上面……性，反正就这个意思吧。"只要它足够厚并且水分充足，表面张力就会拉住它，不让它飘走。

牛肉酱吃起来就像冷冻的墨西哥玉米卷上的酱汁。那蒂克素食膏——贴标签的人可能也糊涂了，贴了"素食者"——是另一种隐约有点辣味和西红柿味的酱。水星计划宇航员的感觉估计跟困在小卖部调味酱货架区的人感觉差不多。但是那蒂克苹果酱——跟约翰·格伦那创造历史的管装苹果酱[①]配方完全一样——还算不错。

我觉得一部分原因可能是因为熟悉。苹果酱本就应该是膏状的。早期太空食品有一个问题，就是太陌生了。当你待在一个寒

---

① 作者注：这是NASA宇航员有史以来吃的第一款食物，但不是有史以来第一种上了太空的食物。这场比赛也是苏联人赢了。格伦的苹果酱输给了莱卡的肉粉和面包屑明胶，还有尤里·加加林的一种未命名的零食（用加加林博物馆档案保管员艾琳娜的话说："有人说是汤，有人说是膏。反正管子里肯定有点什么东西！"）。

冷、狭窄、了无生气的罐子里在太空飞来飞去时，你想要有一些熟悉的东西给你慰藉。太空美食对美国大众来说是很新奇，可是宇航员都新奇了好几辈子了。

时不时宇航员们就会聊到要是吃饭的时候有饮料就好了。啤酒肯定不能上天，因为没有重力，碳酸气泡不会升到表面来。“你喝到的就只是一堆泡沫。”伯兰说。他还说可口可乐公司花了45万美元想开发一款零重力自动售货机，结果单是由于生物原因就无法完成。因为胃里的气泡也不会升上来，宇航员打嗝就成了问题。“往往一打嗝就会有液体跟着洒出来。”伯兰补充说。

伯兰曾负责尝试把酒带到太空实验室去佐餐，但这一尝试很快就终止了。加利福尼亚大学的酒类专家忽悠他带雪利酒，因为雪利酒的制作过程中有加热缓解，因此更好保存。它就像是酒类王国中的巴氏灭菌橙汁。太空是不准用瓶子的，因为不安全，所以最后决定把雪利酒——一种保罗·梅森奶油雪利酒——就装在塑料袋里，外面再套上布丁罐。进一步限制了本来就不怎么迷人的奶油雪利酒的魅力。

雪利罐就跟其他与太空相关的新技术一样，先要带去参加抛物线飞行，做零重力测试。虽然包装没有问题，但是测试结束后，当天同行的人里没人对这项产品有热情。浓烈的雪利酒味迅速充满了机舱，混合抛物线飞行原本就有的令人作呕的特质。“你只要一打开它，就会看到有人伸手去拿呕吐袋。”伯兰回忆说。

然而，伯兰还是填了一张政府订单，又订了几箱保罗·梅森。就在为雪利酒准备包装前，有人在一次采访中提到了它，继而滴酒不沾的纳税人开始给NASA写信。所以，花了不知道多少钱在包装，请购以及罐装奶油雪莉酒测试后，NASA放弃了这个努力。

即使雪利酒真的飞进太空实验室，它也不会是第一个政府作为国家服务任务配给而征用的酒类饮品。直到1970年，英国海军配给里都有朗姆酒。而1802—1832年，美国部队每天的口粮中都包含一吉耳——比两吞杯多一点点——的朗姆、白兰地或者威士忌，用来配牛肉和面包。每一百份配给中还会给士兵发香皂和一磅半的蜡烛。蜡烛可以用来照明、做交易，或者如果你爱干净的话，可以融化来包你的牛肉三明治。

早期太空食品这么不人道不全是营养学家的错。查尔斯·伯兰提醒了一点我忽略的东西：在液体食物传播者诺曼·海德尔博名字后面有个缩写："USAF VC"。海德尔博是空军兽医队的一名成员[①]。罗伯特·弗兰治也是。罗伯特·弗兰治是《航空航天专供食品生产要求》的编辑之一，这是一本写给为宇航员准备伙食的人看的229页的手册。"许多食品科学人员以前都是部队兽医。"伯兰告诉我。早在用空蜂火箭发射猴子，以及斯塔普上校参与减速橇研究的年代，空军就有大量的实验动物，那么自然也需要兽医（或者那些觉得两个字还不够过瘾的人可以管他们叫："太空医学支持兽医"）。1962年一篇名为《天空是美国空军兽医的极限！》的文章中写道，兽医的工作职责包括"食品测试及配方"——首先是给动物，然后就轮到宇航员了。对太空小组真不是个好消息啊。

---

① 译者注：USAF VC 即 U. S. Air Force Veterinary Corps，美国空军兽医队。

负责喂研究用动物或家畜的兽医只关心三件事：成本、好用、没有健康问题。猴子或者牛喜不喜欢吃不在他们考虑的范围之内。这就很好地解释了奶油糖配方餐、压缩玉米麦片还有花生酱块到底是怎么回事。让兽医做饭就是会发生这样的事情。伯兰回忆说："兽医会说：'我在喂动物的时候，我只要把一袋食拌好拿过去，它们就有什么吃什么了啊。为什么我们对宇航员不能这样？'"

有时候他们对宇航员还真这样。来看看诺曼·海德尔博1967年的一篇技术报告《小量丸状配方食品生产方法》。他让宇航员狼吞虎咽！用量最多的原料按重量是咖啡伴侣"咖啡增白剂"和葡萄糖/麦芽糖。让人怀疑他说这些食物丸"非常美味"到底是不是真的。而且，美味不是这个人主要考虑的事情。他最看重的指标是重量和体积。海德尔博据此得出结论："卡路里密度足够，大约每37立方英寸的食物就可以提供2 600千卡（260万卡路里）的热量。"

海德尔博节约空间的方法听上去是很极端，但那是因为你还没听说伯克利的萨缪尔·莱普科夫斯基在1964年提出的解决方案。"如果能找到合适的，肥胖的宇航员，"开头还可以，到这里好像还看不出来他是神经病[1]："一名有着20千克脂肪的肥胖人士……身上保存有184 000卡路里的热量。按每天需要的热量值为2 900卡路里算，这些可以维持90天。"换句话说：想想看能省多

① 作者注：不好意思，我的意思是他很有创新精神。这是1985年加州大学伯克利分校给莱普科夫斯基的悼词中所用的形容。在悼词里我们知道了莱普科夫斯基参与写作了第一本鸡类大脑图集，并从"成千上万加仑的牛奶中"分离出了核黄素。在所余不多的业余时间里，他喜欢跳舞，还是一名业余股市分析员。无疑他在乳制品的未来方面成就巨大。

少油啊，一点吃的都不用带！

不过整个任务过程中都饿着你的宇航员倒可以解决早期NASA的另一个困扰：废物管理。使用粪便袋的行为不仅饱受非议，而且最终产出很臭，还会占用宝贵的舱内空间。“宇航员们就想能吃一片药然后不用吃饭就好了。”伯兰说，“他们一天到晚在说这个。”食品科学家试过，但是办不到。那宇航员的后备解决方案就是断餐，一旦知道了食品袋里等着他们的是什么，这点还是不难做到的。

吉姆·洛维尔和弗兰克·伯尔曼要在双子星座七号的舱里待上14天，禁食就不再是可行的废物管理策略了。（虽然差点就实现了：“弗兰克坚持了，我想，9天没上厕所。”洛维尔在他的NASA口述历史记录里这样说。正在这时候伯尔曼说：“吉姆，要来了。”洛维尔回复说：“弗兰克，你只要再坚持5天就好了！”）这个新计划又迫使NASA开发出的食物不仅要轻巧紧凑，而且要“低残余”。伯尔曼在他的回忆录里写道：“在水星计划和双子星座计划的短期任务里，大便都很少。”

于是模拟宇航员们又被召唤了。请看航医所技术报告66-147，《实验餐及模拟太空环境对人类排泄功能的效用》。文中详细描绘了4个人在痛苦的14天里，在航医所的模拟舱内扮演着洛维尔和伯尔曼消化系统替身的情形。最初测试的食物是声名狼藉的全方食品：三明治块、“肉块”、微型甜点。就跟洋娃娃做出来的饭似的。

块块们在消化系统里简直是一团糟。外面的涂层换过了，从猪油换成了棕榈仁油。棕榈油大部分可以未经消化就轻巧地穿过肠子，让年轻的空军们患上脂肪痢，而你和我又学了一个新词。（脂肪痢是指大便过油，跟腹泻相反，腹泻是大便过水。）脂肪痢的结果，用《圣安东尼奥新闻快报》[1]的话说，造成了“与在轨道载体上做出有效表现无法相容的肠胃问题”。写快报文章的人比较腼腆，但技术论文就一平二白了。过油的大便闻起来很恶心，而且一团糟。官方描述3号——“稀糊但不是液体”——是实验对象最常用的形容（让实验对象日复一日的苦难更加深重的是，他们还得研究自己的排泄物并打出分数）。报告并没有提到肛漏问题，要是我我会提的。如果你的大便里有油——但愿这油是来自人造脂肪或太空食品涂层吧——有些就会渗出来。而如果你要在太空待上两个礼拜只穿一条内裤的话，肛漏可不是个好伴侣。

他们也测试了一种液体食物：喝了42天的奶昔。本意是液体为主的饮食结构不仅会减少人们产生的固体废物总量，而且也会减少“排废频率”。对于你喝下去的东西，基本的思路就是，你会尿出来。其实不是。而且因为饮料里有溶解的纤维，有时候“每日弥撒（父啊原谅我吧）”反而会显著增加，有次增加了一倍还多。

讽刺的是，如果你想要将宇航员的“残渣”减到最少，你应该给他们吃他们最想吃的：牛排。动物蛋白和脂肪在地球上所有食物中消化率最高。肉的位置越好，消化和吸收就越充分——最

① 作者注：太空模拟饮食测试在布鲁克斯空军基地的老家圣安东尼奥是大新闻。不仅《快报》上会登，《圣安东尼奥之光》也写了一篇文章。旁边的广告是蓝十字 / 蓝盾，当时是国内领先的保险公司。收尾语——如果你不信的话我可以给你发一份原文——是：“来吧，圣安东尼奥！让我们都去大条！”

充分的可以几乎没有排出（排出是摄取的反义词）。“对于高质量的牛肉、猪肉、鸡肉或者鱼肉，消化率几乎是90%。”乔治·费伊说。费伊是伊利诺伊大学香槟分校动物及营养科学的教授。脂肪的消化率可以达到94%。一份10盎司的沙朗牛排产生的——用乔治·费伊实验室里的叫法——渣滓[①]，只有区区一盎司。但所有食物当中被消化得最好的是：鸡蛋。“很少有食物能像一枚煮鸡蛋消化吸收得这么完全。”在1964年的太空营养及相关废物问题会议上，专门小组成员弗兰兹·J.英杰芬格这样写着。这也是NASA传统的发射日早餐都是牛排鸡蛋的原因之一[②]。宇航员在发射后可能要穿着宇航服躺在那里8个小时甚至更久。你不会想在起飞前的早上吃纤维的。（在发射前，苏联太空机构传统上给太空人吃的不是牛排鸡蛋；而是一升灌肠剂。）

费伊，我的残渣专家，也为宠物食品业做顾问。这才是NASA应该请的动物科学家，而不是那些空军兽医。宠物食品供应商优先考虑的两件事是什么呢？适口性和“残渣特性”：饭盆里干净，地毯也要干净。首先，狗主人想要给他们的宠物喂一些它看上去喜欢的东西。我希望这也是NASA的目标。“还有就是大号问题。”

---

① 作者注：渣滓是我现在最喜欢的对“粪便”的叫法，而且用来做马桶品牌比“驱逐”合适多了。当然比“东陶”也好。谁会给马桶取个小狗的名字啊？除非叫“屎族”，我会愿意买“屎族”牌马桶的。

② 作者注：宇航员能只靠牛排和鸡蛋生存吗？这个主意不好。姑且不说胆固醇问题，首先你缺的就是维生素。费伊指出，即便是野狗也不能单靠蛋白质生存。“它们在猎食时会吃一堆大杂烩。”这个大杂烩跟瑞士自助餐那种大杂烩可不一样。“它们一般会先吃动物胃里的东西。”鉴于它们捕食的对象往往是食草动物，胃里的东西对他们来说也算蔬菜了。

费伊说，本来没打算开这个玩笑的样子，“粪便的黏稠度。我们希望粪便的材质能够硬，方便捡起和丢掉。而不是一堆松松软软的东西”。双子星座和阿波罗宇航员也是这么希望的。

做宠物食品的人跟早期太空食品科学家还有一个共同目标，就是低“排废频率”。高楼大厦里的狗只有两个机会排废：早上主人上班前一次，然后傍晚一次。“它们得能坚持8个小时。”费伊说。就跟发射板上的宇航员一样，或者跟那些希望接触粪便袋的时间间隔越久越好的宇航员一样。

另一个降低排废频率的方法恐怕是要选择脾气更舒缓的宇航员。活跃的狗新陈代谢也快；食物经过得快，所以没机会完全消化。像猎犬，天生就高度紧张，大便往往比较松软。而且因为它们设定的程序就是随时准备跳起来追捕猎物，所以它们吃饭也狼吞虎咽（难怪叫“狼”吞虎咽）。二者加起来就成了问题。你嚼得越少，未消化就穿过你身体的食物就越多。

那么费伊会给早期的宇航员吃什么呢？淀粉质食品中他推荐大米，因为它在所有碳水化合物中残渣是最少的。（这也是为什么普瑞纳狗粮种类中有羊肉米饭，而不是羊肉土豆丁。）新鲜水果和蔬菜就算了，这些东西会导致人有大量高频率的大便。另一方面，如果你给一个人吃的都是高度处理过，没有任何残渣，没有任何纤维的食物，他又会便秘。不过按飞行长度不同，便秘有时候也是理想情况：“在现有条件下，”弗兰兹·英杰芬格写道：“侧重点在短期太空飞行上，我确信废物处理问题最实际的解决方案是找一名便秘的宇航员。”

距腌牛肉三明治事件12年后，宇航员约翰・扬又一次在全国新闻媒体上把他的雇主搞了个难堪。扬跟阿波罗16同行的宇航员查理・杜克在外面收集了一天岩石，正坐在猎户座登月舱里休息。在跟任务控制中心做事后任务报告的时候，扬毫无征兆地说出来一句："我又要放屁了。我又要放了，查理。我不知道到底什么鬼东西让我想放的…… 我觉得是胃酸。"在阿波罗15号宇航员由于缺钾造成心律失常后，NASA把加了钾的橙汁、葡萄柚汁和其他柑橘属水果汁摆上了菜单。

扬一直说啊说的，任务记录都记下来了。"我是说，我有20年没吃过这么多柑橘属水果了。我跟你说，再过他妈的12天，我再也不要吃这些东西了。如果他们再给我钾当早餐的话，我肯定直接吐了。我喜欢偶尔吃个橙子，真的。但是要把我埋在橙子堆里我还是死了算了。"过了片刻，任务控制中心上线给了扬更让他消化不良的东西。

> 舱联（太空舱联络员）：猎户座，这里是休斯敦。
>
> 扬：是，长官。
>
> 舱联：好吧，你（的）话筒很热啊。
>
> 扬：哦。热了多久了？
>
> 舱联：从事后任务报告就一直开着呢。

这次，愤怒的不是国会。扬的评论被媒体刊出的第二天，佛罗里达州州长就发表了一篇声明来为自己州的主要农作物辩护。查理・杜克在他的回忆录里复述声明内容说："造成问题的不是我们的橙汁，而是一种人工替代品，而这种替代品不是佛罗里达出的。”

实际上，造成问题的是钾，而不是橙汁。橙汁的“胀气系数”——这是美国农业部肠胃气研究员埃德温·墨菲所用的术语，他也是1964年太空营养及相关废物问题会议的专门小组成员——很低。

墨菲写过一篇研究报告，他给志愿者插上直肠导管，然后喂他们吃一种“实验性豆子饭”，并把排出的气体导入一个测量装置。他对于个体差别很感兴趣——不光看肠胃气的总量，还要看不同组成气体的百分比。由于肠道细菌不同，有一半的人是不会产生甲烷的。这让他们更适合做宇航员，不是因为甲烷臭（甲烷是无味的），而是因为甲烷极其易燃。（公用事业公司卖的就是甲烷，红字写着“天然气”。）[①]

墨菲对NASA宇航员选择委员会的建议非常特别：“宇航员也许该从只产生极少甚至完全不产生甲烷或氢的人群中选择”——氢气也是易燃气体——“硫化氢或其他尚未确定成分的恶臭的肠胃气水平也应较低……另外，鉴于宇航员的个体差别，一定重量的食物产生气体的水平可能不同，应选择那些确认极难发生肠道不适并形成肠胃气的人。”

墨菲在他的工作中就遇到了这样一位完美的宇航员人选。“对未来研究有重要意义的是，研究对象摄入了干燥重量100克的豆子

① 作者注：如果你是会产生甲烷的那50%人群中的一员，你可以玩人体信号灯。你的朋友可以对着你的屁举一根火柴，然后看着它点燃，冒出蓝色的火焰。

后没有产生任何肠胃气体。”而一般的肠胃，在胀气高峰期的时候（吃过豆子5~6个小时），每小时会产生1~3杯不等的肠胃气体。这个范围里最多的一个相当于放了几乎两可乐罐的屁，在一个不能开窗的小空间里。

NASA如果不想招低肠胃气体质的宇航员，也可以通过给消化道杀菌来创造“无产出者”。墨菲将臭名昭著的豆子餐给一名正在服用抗菌药的实验对象吃，结果这个人产生的气体减少了80%。更正常的手段，也是NASA真正采用的手段，是避免吃胀气系数高的食物。直到阿波罗计划，豆子、卷心菜[①]、球芽甘蓝、花椰菜都还在黑名单上。“到了航天飞机时代才开始有豆子吃。”查尔斯·伯兰说。

有人欢迎豆子的光临，但不光是因为它好吃。零重力屁是一项流行的环轨道工作，特别是在船员都是男性的时候。有人听说宇航员用肠道气体作为火箭推进剂，“把自己发射出去，飞过中层甲板”。这是宇航员罗杰·克劳奇的原话。有人告诉他自己这样做了，他表示怀疑。“排出气体的质量和速率”他在一封让我永远钟爱的邮件中这样写道：“与人体质量相比太小了。”因此它应该推不动一名180磅的宇航员。克劳奇说，一口呼出的气体无法把宇航员推向任何一方，而肺里可以装6升空气——相对而言，墨菲博士让我们知道了，屁最多只有3个汽水罐那么多。

---

① 作者注：卷心菜以泡菜——发酵辣白菜——的形式重出江湖，和第一位韩国宇航员一起登上了国际空间站。太空泡菜发明者李俊武在韩国原子能研究机构工作，机构里的科学家正在研究控制原子以防肠道泡菜裂变的方法。好吧他们没有。不过他们应该研究一下。

或者至少一般人的量是这些啦。“我的基因给了我一种特殊能力，我能驱逐一部分消化的副产品。”克劳奇在邮件里写道。“这样一来，我觉得可以测试一下。但我觉得真的很多，而且频繁喷射的时候，我也没能做出什么可以辨别的移动。”克劳奇推测他的实验可能受到“气体穿过裤子产生的作用力/反作用力”影响。可惜他的两次太空飞行都是男女混合的，所以克劳奇不愿意“脱光了”再试一次。他当时正准备去卡纳维拉尔角，他答应我会去问问别的宇航员的意见，不过目前为止没有人，用他们的说法，洒过豆子。

近几十年宇航员的食品越来越体贴，也越来越正常了。食物不用非得压缩或者脱水了，因为国际空间站有的是存放的地方。主菜放在密封袋里，保持恒温，然后在一个像旅行箱一样的小东西里加热一下就可以了。2010年查尔斯·伯兰出版了举世无双的《宇航员食谱》，现在你在自家厨房可以速成85种高保真航天飞机时代的主菜和配菜了，不过你的厨房要有“国家淀粉化学公司的国家150填料淀粉指导”和“伊特姆食品公司的焦糖化蒜基99－404号”。

然而，对火星任务来说，这些东西可能又变陌生了。

第 16 章 吃掉你的裤子

火星值得吗？

我要真诚地，毫不夸张地告诉你，今天在NASA艾姆斯食堂吃的午饭里最美味的部分就是尿了，清澈甜美，但不是山泉水的那种清澈甜美。它是卡罗糖浆的那种感觉。这个尿已经用渗透压除过盐了。基本上就是和浓糖水进行了分子交换。尿是很咸的物质（虽然没有NASA艾姆斯的辣椒咸），如果你要靠喝尿来试图给自己补充水分的话，效果会适得其反。但是一旦盐被处理过，不好吃的有机分子被困在活性炭过滤器里后，尿就成为让你精神焕发，而且居然真的可以喝的午餐饮料了。我本来想用不惹人厌这个词的，但是这个词不准确，人们讨厌。人们讨厌的事可多了。

“冰箱里放着尿可真让我恶心。”我丈夫艾德说。我已经把昨天的产出品用活性炭和渗透袋过滤过了，我把它装在一个玻璃瓶里，放在冰箱门上，准备去山景城吃午饭的时候喝。我跟他说所有惹人厌的东西都已经过滤出去了，宇航员就不介意喝处理过的尿。艾德张了张鼻孔，说他只有在“浩劫后”才有可能考虑喝尿。

在艾姆斯和我一起吃午饭的是废水工程师舍温·高穆里。他协助设计了国际空间站上的尿液循环装置。他曾被媒体称为“尿王”。他对此毫不介意。他介意的是被当作，简单地说，一个这样的人：他声称月球是个储存武器级钚的好地方，因为可以远离妄自尊大的暴君。那句话不是真的在提建议；只是高穆里闲着没事瞎想的。这就是艾姆斯这里的人做的事。如果你还没从诺伯特·克拉夫特那里搞明白，我来解释一下：艾姆斯的NASA跟约翰逊航天中心的NASA是两种不同的生物。“我们艾姆斯这里是智库。”高穆里说，“我们有点中二。”高穆里穿着工装裤，淡紫色半开襟短袖衬衫。工装裤和淡紫色衬衫本身没什么激进的，但是约翰逊航天中心我去了4次，从来没看到过一条工装裤，一件淡紫色衬衫。高穆里身材很好，肤色健康。你得使劲盯着他看才能猜对他的年龄，几丝银发偷偷爬进了金色的平头短发，眼眉刚开始疯长。

我们登陆火星的计划差不多要在21世纪30年代才会开始进行，但这个念头始终盘旋在NASA精英们的脑海深处。在过去5年里，梦想着建立一个月球基地的时候，他们始终有一只眼睛盯着火星。许多最创新的东西都来自艾姆斯。并不是说这些点子都会上天。“我们做的东西，”高穆里说，“都得经过下游的过滤才能成为事实，飞上太空。”当然，舍温·高穆里给你的任何东西你恐怕都想先过滤一下。

让宇宙飞船降落在火星上已经是昨天的挑战了。太空机构往火星上发着陆器都发了30年了。（别忘了，一旦太空船进入了太空，就没有空气阻力减速了；它就会一直穿过宇宙真空而不需要更多的推进力，最多偶尔调整一下航线。太空飞船基本上是一路滑到火星的。它们需要用燃料的地方只有着陆和返程起飞。）而能推进一台800磅的着陆器的火箭和能载着五六个人和两年多供给的火箭完全不是同一种东西。

回到20世纪60年代，那时航空航天科学家觉得登月之后的任务就该是载人火星计划。当时有一些艾姆斯风格的空想创意在准备中。明摆着可以替代发射8 000磅食物上天的方法是自己种吃的——在舱内的温室里种。但是在20世纪60年代初期，肉类还占领着餐桌。太空营养学家在一段短暂而奇妙的时间里，曾想过零重力畜牧的可能性。“哪种动物可以带去火星或金星呢？”动物饲养教授麦克斯·克雷伯在1964年太空营养及相关废物问题会议上提出了这个问题。克雷伯对动物喂养的看法很随和；他把大鼠和小鼠也跟牛羊一起纳入了考虑范围。他把难看的零重力屠杀和粪便管理问题都留给了别人，自己一心考虑新陈代谢的事情。他只是单纯地想知道：哪种动物能够在发射重量最小，饲养消耗最少的情况下提供最多的卡路里？要想用牛肉喂饱两到三名火星宇航员，“要拉一头体重500千克的阉牛上天”。而同样数量的卡路里只要42千克小鼠（大概1 700只）就够了。“宇航员，”论文的结论写道，“应该吃炖鼠肉而不是牛排。”

马丁·玛丽埃塔公司的D.L.沃夫也参加了同一场会议（在它之后的是洛克希德公司）。沃夫很喜欢跳出饭盒来思考，然后再把饭盒吃掉。“做食物的技术很多情况下跟用塑料做出各种结构和形状的技术一样。”沃夫可不只是想到把饭盒吃了就可以的，他还把宇宙飞船中那些在准备回家时通常会投弃或丢掉的结构部分也考虑了进去。换句话说，阿波罗11号的宇航员可以不用把登月舱抛弃在月球上，他们应该把它拆了带着在回家路上吃。这样最初发射的时候也可以少带点吃的。沃夫设想中的返程菜单上列有燃料箱、火箭发动机、工具盒。留点地方吃甜点吧！“透明糖玻璃可以用来代替窗户”也是沃夫的想法。

如果你对沃夫的卵清蛋白纸早餐有意见的话，你该试试卡尔·克拉克博士的纸张美食。克拉克是海军生物化学家，他建议宇航员在维生素和添加了矿物质的糖水主餐里加入碎纸——就是那种一般的木头纸浆造的纸——作为“增稠剂”。至于克拉克到底是想用那些碎纸来增强风味，保持整齐还是为文件保密，我就不知道了。

“如果想象力可以自由驰骋”——显然D.L.沃夫的想象力已经驰骋了——宇航员也能吃自己的脏衣服。沃夫评估了一下，“一行四人的宇航员队伍在90天的飞行周期里需要丢掉约120磅的衣物，如果没有洗衣设施的话。”（鸣谢舍温·高穆里，现在有洗衣设施了。）那么3年的火星任务就会丢弃1 440磅的脏衣服/食物。沃夫报告说，许多公司已经在纺织以大豆和牛奶蛋白为原料的布料了，美国农业部也在“准备用蛋白和鸡毛生产（纺织品）纤维了，这些东西在像宇宙飞船这样的受控环境下用作食物都可以接受”。我猜，他的意思是，一个愿意吃脏衣服的人应该也是一个不会在鸡毛面前畏缩不前的人。

但是干吗还要花钱去美国农业部实验研究站买衣服呢？“像羊毛和丝绸这样的角蛋白纺织品。”沃夫琢磨着，“经过部分水解应该就可以变成食物……”

舱内水解是让宇航员开始觉得不舒服的地方。水解的过程就是蛋白质——如果不一定是美味的蛋白质，至少是可以食用的蛋白质——被分解成仍然可食用但通常不怎么美味的成分。比方说蔬菜蛋白，水解后就可以做味精。基本上任何氨基酸结构都可以水解，包括那些不敢报上名来的可循环氨基酸结构。一个四人宇航员小组在3年的时间里，可以产生大约1 000磅的粪便。20世纪60年代太空营养学家埃米尔·穆拉克对此的不祥之言是：“必须要考虑到回收利用的可能性。”

在20世纪90年代早期，亚利桑那大学的微生物学家查克·格巴受邀参加了火星战略工作小组，而他的话题就包含固体废物管理。格巴告诉我，他记得有一名化学家说：“该死，我们能做的就是把它水解成碳再拿来做小馅饼。”届时与会的宇航员说：“我们回来的路上可不吃屎汉堡。”

从士气的角度考虑，这种极端回收利用的做法的确有欠考虑。现有的火星问题解决思路是用无人着陆器先把食物储备寄存在火星上。（我是在采访某个俄罗斯太空人时知道的这种在火星上备食物的策略。我的翻译琳娜停下来说：“玛丽，你对火星麦粥怎么看？”）

而更好地循环利用宇航员副产品的方法是：把它封进塑料瓦，用作抵抗宇宙辐射的屏蔽层。碳氢化合物干这个很在行。宇宙飞船上的金属外壳就没这么在行；辐射粒子在经过金属外壳时会分解成次级粒子。这些碎片可能比完整的一级粒子更危险。所以如果你能，格巴吹嘘说，“坐屎飞船”怎么样？完胜白血病。

高穆里和我一直在聊阻碍进步的心理障碍。事实证明，我们并不是今天下午仅有的喝尿的加利福尼亚人。（为了团结，高穆里用他自己的尿招待了一批人。）黄色，我是说橘色，橘子郡的市民们也在跟我们一起喝尿。不同的是，高穆里说，橘子郡先把他们的尿抽进地下待一段时间，再重新管它叫饮用水。“这样做在技术上绝对没有任何问题。有的只是心理上和政治上的问题。”他说。人们还没准备好“从马桶直通水龙头”。

即使是在艾姆斯这里，在高穆里排着队给他的三明治付款的时候，排在我们前面的人问瓶子里是什么。“是经过处理的尿。”高穆里说。他直面那个人，但是显然自己也很开心。那人看了高穆里一眼，试图发现一些能证明高穆里在开玩笑的东西。他希望他是开玩笑的。“才不是呢。”他决定还是不信，然后走开了。

收银员本来更难对付。“你说那个瓶子里是什么?”她的样子好像都想叫保安了。

这次高穆里说:“生命维持实验。”收银员在科学面前让步了。

我喜欢载人太空探险的一个地方是，它强迫人们放弃固有的观念。什么可以接受，什么不能接受；什么可能，什么不可能。有些时候只要转变一下思想，最初可能很不适应，但是最终发现毫无伤害，达成的结果则是令人惊叹的。把一个死人的器官切下来缝进另一个人的身体到底是野蛮不尊重呢，还是可以拯救许多生命的单纯的手术呢?在距离队友6英寸远的地方往袋子里拉屎是人类尊严的沦陷呢，还是独一无二的太空式隐私呢?按吉姆·洛维尔的判断应该是后者。“你们彼此熟到你连转身都没必要。”你的妻子孩子看到过你坐在马桶上的样子。弗兰克·伯尔曼也看到了。谁在乎呢?盒底的大奖远超所值。

如果有人对一队宇航员说他们要喝处理过的汗液和尿液——不仅是自己的，也有队友的，还有，谁知道呢，可能还有食品柜里那1 700只小鼠的——他们会耸耸肩说:“无所谓啊。”或许宇航员不只是昂贵的玩具人。或许他们是新环境典范的海报男孩和海报女孩。就像高穆里说的:“可持续性工程和载人航天工程只是一种技术的两面罢了。”

更实际的问题不是“火星可能吗?”而是“火星值得吗?”目前为止，一次载人火星任务的最高估价跟伊拉克战争的花费差不多:5 000亿美元。要维护它的正当性是不是也差不多难呢?把人类送上火星能有什么好处?特别是现在机器人着陆器也能做大部分科研了，就算不是一样快，至少也一样好。我可以学NASA公共事物部列出一长串在过去几十年里，由航空航天创新引发的产品和技术[1]。然而，我更倾向于本杰明·富兰克林的观点。就历史上的首次载人飞行事件——在18世纪80年代，乘坐孟格菲兄弟的热气球——有人问富兰克林他觉得这样一件琐事有什么用。他回答说:“新生的婴儿有什么用呢?”

或许筹集资金不会太难。如果参与各国都能发动各自的娱乐巨头，应该可以筹到一笔可观的数目。你读到的关于火星任务的东西越多，你就越觉得这是一个终极真人秀节目。

凤凰号机器着陆器在火星着陆的那天我在参加派对。我问派对主人克里斯，他有没有电脑可以让我看NASA电视报道。最初只有克里斯和我在看。到凤凰号完好无损地穿过火星大气层，即将放出降落伞的时候，派对上一半的人都在楼上围着克里斯的电脑看了。我们并不是真的在看凤凰号，火星的画面还没传到这里（信号在火星和地球间传输大约需要20分钟）。镜头面对的是任务控制中心的喷气推进实验室。那里是工程师和管理者的立足之

---

① 作者注：只要是关于无线的、防火的、轻量而强韧、微型的或者自动的技术，NASA 很有可能都插了一手。我们说的是垃圾压缩机、防弹背心、高速无线数据传输、植入式心脏监护器、无线电动工具、义肢、吸尘器、运动内衣、太阳能板、透明牙套、电脑控制的胰岛素泵、消防员面罩这些东西。不时就会有世俗的应用冲向一个意想不到的方向：数字月球影像分析器让雅诗兰黛能把女性皮肤里“除了不能发现的，那些微小”的东西用他们的产品量化出来，并为他们产品能去除皱纹的荒唐说法提供了依据。阿波罗微型电子加热泵生出了机器母猪。“到了喂食时间，加热灯会自动开启，模拟母猪的体温，然后机器会发出有节奏的呼噜声，就像母猪叫小猪仔的声音一样。小猪蹦蹦跳跳地跑向机器母亲的时候，前端的面板打开，露出一排乳头。”这些是 NASA 的事实记录员写的。显然这段话也引发了 NASA 公共事务部的一串呼噜声。

地，这是些会花上几年时间研究防热罩和降落伞系统和推进器的人。而所有的一切，在这个最终时刻，都有可能以一百种不同的方式失败，每种失败的方式都被计划过，并准备了后备硬件及应急软件。一个人盯着他的电脑，两只手的手指都交叉成十字。落地的信号到了，每个人都站起来欢呼。工程师热烈拥抱着彼此，眼镜都碰弯了。有人开始递雪茄。我们也都跟着大喊，有些人甚至有点哽咽。这些人做成的事情真是激动人心。他们把一台精巧的科学设备飞到了距我们4亿多英里的火星，又将它像放婴儿一样温柔地放下，就放在了他们想要放它的地方。

我们生活在这样一种文化里，人们越来越多地在虚拟中生存。我们通过卫星科技旅行，在电脑上社交。你可以通过谷歌月球游览宁静之海，也可以在谷歌街景里参观泰姬陵。日本的动漫迷还在向政府请愿，要求给他们与二次元人物合法结婚的权利。已经有人开始集资16亿美元，要在拉斯维加斯外的沙漠中一个模拟火星火山口里建一所度假酒店。（他们可虚拟不来火星重力，不过宇航服的靴子会“更有弹性一些”。）没有人再出门玩了。虚拟已经变成了现实。

但是虚拟和现实一点也不一样。你去问问一个花了一年时间一个腺体一个神经地解剖一块人形肌腱的医生，在电脑模拟器上学解剖跟他的工作能不能相提并论。问问一个宇航员参加太空模拟实验跟身处太空一样不一样。有什么差别呢？流汗、风险、不确定性、不方便。但是还有，敬畏，骄傲。有一些难以言喻的辉煌和激动人心的情绪。在约翰逊航天中心，有一天我拜访了迈克·泽伦斯基，他是宇宙尘馆长，也是NASA陨石收藏的保管人。时不时就会有一颗小行星撞上火星，撞击力大到火星表面的小石块会被抛进太空，在太空里继续旅行，直到被其他星球的引力吸引过去。有时候那个“其他星球”也会是地球。泽伦斯基打开一个盒子，拿出一颗跟保龄球差不多重的火星陨石，把它递给了我。我站在那里举着它，感受着它的重量，是真实性，表达了一些我确定自己从来没有机会表达的东西。给我一块沥青一点鞋油我就能给你做一个模拟火星陨石。但是我不可能为你模拟出来的是手捧一颗20磅重的火星表皮层带给你的感觉。

渐渐地，我越来越难以相信人类精神的高贵。战争、狂热、贪婪、商场、自恋。我看到的是花费大量金钱，不切实际造出来的外衣，其外表假惺惺而显得颇有气派，背后不过是一个手握着手说“我们一定可以做到”的物种。是的，这些钱可以更好地花在地球上。但是我们要这样吗？什么时候政府取消项目省下来的钱花在教育和癌症研究上了？钱总是要被浪费的。就让我们浪费一些在火星上吧。让我们去外面玩吧。

致 谢

第一次参观约翰逊航天中心的时候，公共事务楼门边的一个标志上写着：须戴安全帽。实际上还确实需要。我的头顶上悬着许多不准。太空机构对于他们的公众印象掌控很严，而且员工和承包商要对一个像我这样的人说不，比冒个险看看我写什么要简单得多。开心的是，也有人参与到了太空探索中的人性面上，他们看到了非传统新闻报道的价值（或者可能只是简单的人好不好意思拒绝）。对他们的直率与智慧——以及他们分享时间和知识的慷慨——我要致以深深的感谢。感谢约翰・博尔特、查尔斯・伯兰、詹姆斯・布罗扬、约翰・查尔斯、汤姆・蔡斯、乔恩・克拉克、舍温・高穆里、拉尔夫・哈维、诺伯特・克拉夫特、雷内・马丁内兹、乔・内杰特、唐・拉特克、斯科特・魏因斯坦；感谢宇航员罗杰・克劳奇、吉姆・洛维尔、李・莫林、迈克・穆莱恩、安迪・托马斯、佩吉・惠特森；还有俄国的太空人谢尔盖・克里卡列夫、亚历山大・拉维金、尤里・罗曼年科、鲍里斯・沃里诺夫。

我从未从事过太空或航空医学事务。我采访过的许多人，与其说他们为我提供了资源，不如说他们免费指导了我。我指的是丹尼斯・卡特、帕特・考英斯、塞斯・多纳休 、乔治・费伊、布莱恩・格拉斯、达斯汀・高默特、肖恩・海耶斯、托比・海耶斯、井上夏彦、尼克・卡纳斯、汤姆・朗、帕斯卡・李、吉姆・莱顿、马塞洛・巴斯克斯、爱普尔・荣卡、查尔斯・奥曼、布雷特・灵格、立花昭一、亚特·汤普森、尼克·威尔金森、迈克·泽伦斯基。你们本可以不用在我身上花这么多时间的，对此我衷心感激。

特里·桑迪令人惊叹的专业知识和对全稿悉心的审阅，以及琳达·王在国会档案方面的知识都是不可或缺的。我还要感谢比尔·布里兹、厄尔·克莱恩、杰瑞·菲乃格、丹·福尔汉姆、韦恩·马特森、乔·麦克曼、梅·奥哈拉、鲁迪·布里菲卡多、迈克尔·史密斯，感谢他们对很久以前发生的事的深刻见解。帕姆·巴斯金、西蒙尼·加尔诺、珍妮·高缇耶、艾米·罗斯、安迪·特内奇、维尔利特·布鲁提供了宝贵的经验和帮助，我也要感谢他们。

虽然公共事务部的那些人并不总是像我天真的想象中那样帮助我，但他们的知识和专业精神都是非比寻常的。约翰逊航天中心的艾莎·阿里、格伊里·佛瑞、詹姆斯·哈兹菲尔德、丽奈特·麦迪逊都无比热心，就像国家太空生物医学研究所的凯瑟琳·麦哲和红牛的翠西·梅达伦一样。日本宇宙航空研究开发机构的田边久美子以我的名义创造了奇迹。我还想感谢那些整合NASA口述历史和月球表面学刊项目的人，以及完成新墨西哥太空史博物馆口述历史项目的人，此外还有旧金山公共图书馆的馆际合作部。这些都是无可比拟的宝贵资源。

琳娜·雅可夫琳娜、金森小百合及玉质真奈美不仅是杰出的翻译，也是无与伦比的旅行伙伴。弗莱德·威尔莫能够编辑审核我的上本书和这本书，是我莫大的幸运。感谢设计师杰米·基南，封面真是诙谐而完美；感谢迪尔德丽·奥德怀尔馆长，花上几个小时帮我寻找鲜为人知的照片和它们的版权专有人；感谢克里斯汀·恩格尔哈特现场的精彩翻译；感谢那些卧床实验参与者永不枯竭的幽默感；感谢杰夫·格林瓦的书、酒和热情；感谢丹·梅纳克提供了书里最好的一句话。

就像我其他的书一样，这本书如果谈得上成功，很大程度上必须要感谢W. W.诺顿出版社的工作人员。用一个笨拙的火箭发射比喻来说，我要指名挑出一些人来。我的无敌编辑吉尔·比亚洛斯基，灵活地控制手稿成功穿越了途中的修正，还有丽贝卡·卡莱尔、艾琳·西恩斯基·洛维特和史蒂夫·科尔卡，专业地将最终产品发射升空，送入轨道。

我的丈夫艾德·雷切尔斯和我的经纪人杰伊·曼德尔温柔地平息了我在所有冒险行动中不免产生的焦虑和抱怨的悲观主义思想。如果没有这两位杰出的人士，我想我不可能完成这么多事情。

时间线

1949　猕猴阿尔伯特二世成为第一个在火箭上感受了零重力的生物。

1950—1958　空军用飞机进行抛物线飞行来模拟零重力，并在黑猩猩、猫和人类身上研究它的影响。

1957.11　苏联犬莱卡环绕地球飞行，死在了太空。

1960.08　苏联犬贝尔卡和斯特尔卡第一次活着从轨道上返回地球。

水星太空计划时代 1961—1963

1961.01.31　宇航猩猩哈姆乘坐水星太空舱活着完成了亚轨道飞行。

1961.04.12　尤里·加加林成为首位飞上太空的人类，以及首位环地球轨道飞行的人类。

1961.05.05　艾伦·谢帕德成为首位飞上太空的美国人。

1961.11.29　宇航猩猩伊诺斯环地球轨道飞行。

1962.02.20　约翰·格伦成为首位环地球轨道飞行的美国人。

双子星座太空飞行 1965—1966

1965—1966　空军在模拟太空舱里组织人们测试了双子星座餐食和“洗澡限令”。

1965.03.18　阿列克谢·列昂诺夫成为首位在太空舱外行走

的宇航员。

1965.03.23　双子星座三号“腌牛肉三明治事件”。

1965.06.03　双子星座四号：艾德·怀特成为NASA首位进行太空行走的宇航员。

1965.12.04—18　双子星座七号：两个男人，两周，不洗澡。

阿波罗月球任务 1968—1972

1969.03.03—13　阿波罗9：拉斯提·施韦卡特与太空晕动症间的战斗。

1969.07.20　阿波罗11：人类首次登上月球。

1972.12.07—09　阿波罗17：首位进入太空的科学家。

环轨道空间站（及航天飞机）时代 1973—2015

1973—1979　太空实验室美国太空站任务；太空淋浴证明无法完成。

1971—1982　苏联礼炮号空间站任务。

1978.01　美国首位女宇航员候选人。

1981.04.12　首次航天飞机发射。

1986.01.28　挑战者号航天飞机事故。

1986—2001　和平号。

2000.11　首次国际空间站任务。

2003.02.01　哥伦比亚号航天飞机事故。

图书在版编目（C I P）数据

太阳系度假指南 /（美）玛丽•罗琦著 ；贺金译—
长沙 ：湖南科学技术出版社，2023.4
（罗琦的奇异科学）
ISBN 978-7-5710-2022-4

Ⅰ. ①太… Ⅱ. ①玛… ②贺… Ⅲ. ①太阳系－
普及读物 Ⅳ. ①P18-49

中国国家版本馆 CIP 数据核字(2023)第 021747 号

TAIYANGXI DUJIA ZHINAN
太阳系度假指南
著 者：[美]玛丽•罗琦
译 者：贺 金
出 版 人：潘晓山
策划编辑：吴 炜
责任编辑：王梦娜
营销编辑：周 洋
出版发行：湖南科学技术出版社
社 址：长沙市芙蓉中路一段 416 号泊富国际金融中心
网 址：http://www.hnstp.com
湖南科学技术出版社天猫旗舰店网址：
http://hnkjcbs.tmall.com
邮购联系：0731-84375808
印 刷：长沙超峰印刷有限公司
（印装质量问题请直接与本厂联系）
厂 址：宁乡市金洲新区泉州北路 100 号
邮 编：410600
版 次：2023 年 4 月第 1 版
印 次：2023 年 4 月第 1 次印刷
开 本：880mm×1230mm 1/32
印 张：9.5
字 数：222 千字
书 号：ISBN 978-7-5710-2022-4
定 价：68.00 元